정원을 묻다

당신만의 정원을 꿈꾸는

_____ 님께

_____ 드림

정 원 을 묻 다

특별한 정원에서 가꾸는
삶의 색채

크리스틴 라메르팅 글   페르디난트 그라프 폰 루크너 사진   이수영 옮김

차
례

과거와 현재의 정원 홍보 대사들

한 여자가 정원 전문가가 되고 나아가 열정적인 정원 홍보 대사가 되기까지 어떤 과정을 거치게 될까? 단순히 정원 가꾸기를 좋아하는 여자가 그 분야의 전문가로 성장하는 건 다양한 삶의 과정과 계획들 덕분이다. 이 책에 소개된 여자 정원사들에게 정원은 직업적 삶의 중심을 차지한다. 이들은 대부분 20년 이상, 어떤 경우에는 반평생이 넘도록 정원과 관련된 일을 하고 있다. 이들은 정원을 가꾸는 데 아주 중요한 일들을 다양하게 경험했다. 정원을 디자인하고 가꾸는 광범위한 분야에서 탁월하게 성취하기 위해서 반드시 정식으로 정원사 교육 과정을 거쳐야 할 필요는 없다. 때로는 정원을 사랑하는 깊은 마음만으로도 놀라운 일을 해낼 수 있다. 강박에 이를 정도로 강한 열정이 정원 가꾸기를 좋아하는 여자를 진정한 정원 전문가로 만드는 것이다. 이 과정에서 시간적 요인이 일정한 역할을 하는데, 정원을 가꾸며 보낸 오랜 시간 동안 근본적이고 폭넓은 지식을 쌓고 더욱 발전시킬 수 있기 때문이다. 다른 한편으로는 정원의 다양한 측면들을 탐구하는 데 열성과 집중력을 쏟아붓는 것이 중요하다. 이는 정원 디자인을 위한 설계도를 그릴 때는 물론이고, 원예업을 운영하거나 흙에서 직접 작업을 할 때도 마찬가지다. 그러나 진정한 전문가가 되기 위해서는 숙련된 솜씨와 정원에 대한 이론적 지식만으로는 부족하다. 정원 주제와 관련된 모든 분야를 완벽하게 이해하고 소화할 수 있어야 한다. 여기 소개된 모든 전문가들은 두 발을 확고하게 정원에 뿌리내리고 있지만, 이들의 정신은 자신들의 정원 울타리를 훨씬 벗어난 곳에까지 이른다. 이들은 정원에서 다양한 변화 가능성을 지닌 자연의 경이로움을 본다. 그와 동시에 자신들이 가진 구상을 풍부하게 가공하고 실현할 수 있는 가능성도 본다. 정원에 대한 다양한 지식 분야는 식물을 키워내고 그 식물을 상품화하는 일까지 확대된다. 정원의 예술적, 건축적 측면들과 야외 공간의 명확한 짜임새를 조명하고, 최근 들어 급격하게 늘어나고 있는 자급자족

정원을 재발견한다. 나아가서는 하나의 정원을 '자기 자신의 존재에 이른' 자유로운 하늘 아래의 집으로 보는 정서적 측면에 대해서도 성찰한다. 이러한 정서적 측면은 독자적인 정원 철학으로까지 이어질 수 있는 정신적 차원의 토대가 되기도 한다. 이 책의 정원 전문가들이 들려주는 이야기는 믿음직스럽고 진솔하며, 여러분을 정원의 세계로 초대한다. 때마다 정원을 소개하여 여러분이 풍부한 영감을 얻도록 해준다. 여기서는 정원과 관련된 핵심적인 문제와 주제뿐만 아니라 정원의 다채로운 면을 보여주는 부수적인 주제들도 다룬다. 정원은 울타리나 담으로 둘러싸인 제한된 공간이지만, 정원에 대한 생각은 무한하고 자유롭다. 온 세상이 하나의 정원이고 우리는 모두 그 안에 있다.

영국의 위대한 여자 정원사들

뛰어난 원예술의 발생지 영국은 자신들의 메시지를 전 세계에 전파한 유명한 여자 정원사를 다수 배출했다. 거트루드 지킬Gertrude Jekyll, 1843~1932은 그중 한 명이다. 그녀의 정원 디자인은 정취 있고 선명하여 오늘날까지도 많은 사람들의 마음을 사로잡고 있다. 그녀는 운명에 따라 화가에서 정원 디자이너의 길로 들어섰다. 거트루드는 한해살이 식물로 이루어진 알록달록한 장식 화단을 좋아하지 않았다. 그래서 여러해살이 식물을 중심으로 자신의 정원을 디자인하여 거대한 인상주의 그림처럼 가꾸었다. 그녀는 총 400개가 넘는 정원을 만들었는데, 그중 상당수는 당시 정원의 건축물과 공간적 형태를 설계한 젊은 건축가 에드윈 루티엔스와 공동 작업으로 이뤄낸 성과물이었다. 거트루드 지킬은 공동 작업을 선도적으로 이끌어가며 환상적이고 매혹적인 식물 디자인을 구상했다. 정원에 대한 그녀의 모든 생각과 지식은 신문과 잡지 등에 연재한 천여 편의 글과 열세 권의 저서에 남아 있으며, 오늘날까지도 현대적인 판본으로 계속 출판되고 있다. 또한 수많은 저술가들이 그녀의 정원 디자인을 묘사하고 높이 평가했다. 화가 출신인 거트루드 지킬은 화단을 조

화로운 색채로 구성하기 위해서 미술의 여러 분야를 본보기로 삼았다. 그러나 그녀의 출발점은 항상 두 가지였다. 실용적이면서도 예술적인 정원이 되어야 한다는 것이었다. 이러한 매혹적인 메시지는 그때나 지금이나 타당하다.

비타 색크빌 웨스트 Vita Sackville-West, 1892~1962는 정원을 열정적으로 사랑한 소설가이자 시인이었다. 그녀는 오늘날에도 많은 독자들이 즐겨 읽는 그녀의 책에서 실용적인 지식을 전달했고, 정원에 대한 사랑도 매혹적이고 생동감 넘치게 묘사했다. 색크빌 웨스트는 재능 있는 정원 디자이너로서, 외교관이던 남편 해롤드 니콜슨과 함께 영국에서 가장 유명하고 많은 사람들이 즐겨 찾는 정원들 중 한 곳을 만들었다. 바로 켄트 지방에 있는 시싱허스트 캐슬 가든 Sissinghurst Castle Garden 이다. 최선으로 조성된 영국식 정원의

의미에서 볼 때 상규에서 벗어난 비정통적인 정원이지만, 이 정원은 그녀의 최고 업적으로 남았다. 정원에 자유롭게 서 있는 4개의 건물은 주거 공간과 작업 공간으로 쓰였다. 그 건물들 사이와 주변에 펼쳐진 평지는 울타리와 담장으로 각기 다른 주제가 부여된 정원, 이른바 정원의 방으로 분할되었다. 비타 색크빌 웨스트는 내밀하고 매우 사적인 정원의 공간들을 "한적함의 연속"이라고 표현했다. 여러 주제의 정원들 중에서 가장 유명한 곳은 '하얀 정원'으로, 지금까지 많은 정원 애호가들에게 본보기가 되고 있다. 제2차 세계대전이 끝나고 1962년 세상을 떠날 때까지 그녀는 〈옵저버Observer〉에 '당신의 정원에서In Your Garden'라는 칼럼을 매주 연재했고, 정원에 관한 책들을 썼다. 그 책들은 전 세계 여러 나라의 언어로 번역되었으며, 매번 소장할 만한 판본으로 새롭게 출판되어 정원 문헌의 진정한 장기 흥행물이 되었다. 정원에 관한 갖가지 주제를 다룬 그녀의 글은 경험에서 우러나와 신뢰감을 준다. 특히 경쾌하고 독창적이며 유머러스한 문체가 매력적이다. 비타 색크빌 웨스트의 메시지는 그녀가 조성한 정원과 책을 통해 아직도 살아있다. 그녀는 자신의 정원과 지식을 수많은 대중이 쉽게 이용할 수 있도록 한 위대한 정원 홍보 대사다.

2006년 영국의 유력 일간지 〈가디언The Guardian〉에 로즈메리 비어리Rosemary Verey, 1918~2001에 대해 "넘치는 에너지와 상상력으로 원예를 수많은 사람의 삶으로 가져온 정원사"라는 찬사가 실렸다. 필자 역시 비어리의 정원에서 영감을 받았다. 쾰른에 필자가 영국식 정원을 조성할 때 로즈메리 비어리의 책들은 '영국의 시골풍 정원'을 이해하는 데 큰 도움을 주었다. 그것은 그녀가 쓴 책의 제목 중 하나이기도 하다. 로즈메리 비어리가 조성한 반슬레이 하우스 가든Barnsley House Garden은 시골의 우아한 정원 형태를 보여주는 전형적인 예로 수없이 촬영되었다. 경쾌하고 자유로운 화단과 고대의 모범에 따라 형상화한 자그마한 사원과 조각상, 섬세한 형식적 구성은 감수성이 풍부하고 독특한 그녀의 작풍을 보여준다. 특히 영국의 역사적 본보기에 따라 조성한 매듭 정원Knot Garden(16세기에 자리 잡은 정원 형태로 매듭을 묶듯이 여러 종류의 식물로 장식한 정원이다. 화양목으로 전체적인 선을 이루는 테두리를 둘러 공간을 만든 뒤 각각의 칸에 꽃과 채소, 허브를 다양하게 심는다 - 옮긴이)은 선풍적 인기를 끌었고 필자의 정원 디자인에도 영향을 미쳤다. 반슬레이 하우스 가든은 일반인에게 공개되어 있다. 필자가 그곳을 방문했을 때 매력적인 파란색 옷을 입은 위대한 로즈메리 비어리와 마주 앉아 매듭 정원을 주제로 많은 이야기를 나눌 수 있었다. 그녀는 자신의 매듭 정원이 독일에서도 계승자를 얻게 되었다는 사실에 무척 기뻐했다. 로즈메리 비어리의 인기 있는 정원 디자인은 전통적이지만 그녀의 생각은 혁신적이다. 유용 식물과 관상 식물을 생동감 있게 혼합한 매력적인 채소 정원이 이를 뒷받침해준다. 이 정원에 깊은 감명을 받은 찰스 황태자는 로즈메리 비어리에게 멋진 키친 가든Kitchen Garden(먹거리로 활용할 수 있는 채소와 허브, 꽃으로 이루어진 정원이다. 채소만을 키우는 텃밭과는 달리 다채로운 색채와 형태를 지닌 꽃과 허브를 함께 심어 정원으로서의 아름다움도 추구한다 - 옮긴이)을 만들어 달라고 부

탁했다.

독일에서는 1980년대와 90년대에 정원 가꾸기를 주제로 한 책들과 안내서에 대한 관심이 높아졌다. 당시 독일어로 번역된 영국의 정원 책들은 전통적으로 정원 가꾸기로 정평이 난 영국으로부터 다양한 소식을 전해주는 풍부한 정보원이었다. 화려한 사진집과 함께 로즈메리 비어리나 페넬로페 홉하우스의 실용적인 책들이 출간되었다. 노리 포프와 샌드라 포프 부부가 정원의 색채 디자인에 관하여 쓴 책들도 선풍적인 인기를 끌었는데, 그러한 정원의 모습은 두 사람이 가꾼 해드스펜 하우스 가든Hadspen House Garden에 탁월한 형태로 구현되어 있다. 또 다른 정원 디자이너 메리 킨도 '정원의 색채'라는 주제에 헌신했고, 질 빌링턴은 작은 정원을 가꾸는 데 필요한 좋은 아이디어를 발표했다. 어슐러 버컨은 전문적인 정원사이자 저술가로서 다양한 매체에 영국의 훌륭한 원예술에 대한 글을 발표했다. 물론 크리스토퍼 로이드, 로이 스트롱, 몬티 돈 같은 유명한 남자 정원사들이 쓴 책들도 독일어로 번역되어 주목받았다. 그러나 이 책에서는 전적으로 여자 정원사들만 다루려고 한다.

최근에 세상을 떠난 영국 정원의 위대한 예술가 베스 샤토Beth Chatto, 1923~2018는 독학하여 정원 디자이너가 된, 영국식 표현으로 말하자면 여자 원예가다. 정원과 관련된 주제로 다수의 베스트셀러를 집필한 저술가이기도 한 베스 샤토의 모토는 주변 환경과 입지에 적합한 식물을 사용하라는 것이다. 이러한 모토가 그녀의 정원과 집필에서 중심을 이룬다는 점은 그녀가 조성한 그늘이 많은 숲 정원이나 연못 풍경에서 여실히 드러난다. 베스 샤토는 주차장으로 쓰이던 메마른 지대에 자갈 공원을 조성해 전 세계적으로 선풍을 일으켰다. 그녀는 그곳에 식물을 심을 때 인위적으로 물을 줄 필요 없이 자연 강우만으로 유지할 수 있는 정원을 만들고자 했다. 베스 샤토는 그 정원을 방문한 필자에게 자신이 물에 의존하지 않는 정원을 구상하게 된 것은 단지 더 나은 환경의 부지를 얻지 못했기 때문일 뿐이라고 말했다. 그렇지만 정

원 방문을 통해서든 저작물을 통해서든 전 세계 정원 애호가들에게 새로운 자극을 줄 수 있다는 점을 무척 기쁘게 생각한다고 덧붙였다. 전 세계적으로 물이 부족한 상황을 고려할 때, 베스 샤토의 자갈 정원은 독일에서도 빠르게 관심을 가진 매우 현명한 구상이다. 독일에서는 물을 아끼면서도 일 년 내내 매력적인 정원을 갖기 위해서 건조한 지역에 자갈 공원이나 초원 정원Prairie Garden (주로 북아메리카의 초원 지대에서 자라는 풀과 여러해살이 식물을 이용해 꾸민 정원을 말한다 - 옮긴이)을 조성하는 것이 의미 있는 유행이 되었다. 베스 샤토는 느긋하고 여유로운 생태학적 정원 가꾸기에 대한 자신의 생각을 아낌없이 전해주었다. 그녀는 고령의 나이로 세상을 떠날 때까지 척박한 지대에서도 자신만의 꿈의 정원을 실현할 수 있다는 확신을 널리 알리는 데 헌신한 영국 최고의 정원 홍보 대사였다.

영국의 정원 디자인에 대한 관심과 자기 정원을 가꾸는 일에 대한 열광은 21세기 초에 독일로도 전해졌다. 네덜란드에서는 이미 일찍부터 정원을 가꾸는 작업이 활발하게 진행되어 곳곳에 눈부시게 아름다운 개인 정원들이 등장했다. 네덜란드인에게 튤립 재배뿐만 아니라 모든 면에서 '녹색 엄지손가락 유전자'를 타고났다고 말하는 게 전혀 놀라운 일은 아니다. 아버지가 거트루드 지킬과 친분이 있었고 유명한 여러해살이 식물 재배업을 운영한 민 라위스Mien Ruys, 1904~1999는 자신의 정원에서 '선명하고, 단순하고, 간결한' 것으로 묘사되는 현대적인 양식을 실험했다. 그녀의 업적은 특히 작은 정원들에 이상적인 개방적이고 투명한 공간 구성에 있다. 1976년 데뎀스바르트에 '민 라위스의 정원'이라는 이름으로 그녀가 실험적으로 조성한 25개의 시범 정원이 공개되었다. 정원 애호가들은 그곳을 방문해 위대한 네덜란드 정원 디자이너의 새로운 구성 요소들을 체험할 수 있다.

독일의 정원 홍보 대사들

두 번의 세계대전과 전쟁으로 인한 파괴를 경험한 독일은 원예술을 주변부로 제쳐 놓았다. 그런 상황에서 빠져나오기까지 점진적인 과정이 필요했다. 정원에 서서히 관심을 가지기 시작한 것은 재건 이후부터였다. 독일 여러해살이 식물의 황제 카를 푀르스터Karl Foerster, 1874~1970는 획기적인 저작물들을 계속 발표했다. 그의 '일곱 계절 정원'이나 "일 년 내내 꽃 피게 하라"는 요구는 정원과 관련된 전설적인 인용문이 되었고, "풀이 없는 정원은 추하다!"라든가 "모험 없이는 정원의 발전도 없다!"와 같은 현명한 생각은 널리 퍼진 경구가 되었다. 푀르스터는 뉴 저먼 가든New German Garden을 대표하는 인물이 되었는데, 이는 영국에서 확립된 개념이다. 뉴 저먼 가든은 풀이나 양치류를 조합한 새로운 여러해살이 식물 정원 형태이다. 푀르스터는 그만의 독자적인 양식을 발전시켰는데, 주변 지역보다 낮은 곳에 조성한 독창적인 선큰 가든Sunken Garden이 대표적이다. 그는 다음과 같은 말로 정원사의 세계를 정확하게 묘사했다. "다시 세상에 태어난다면 나는 또다시 정원사가 될 것이고 그 다음 생도 마찬가지다. 단 한 번의 삶으로 끝내기에는 이 직업이 너무나 방대하기 때문이다."

독일에서는 정원사가 되려는 사람을 위해 다양한 교육 과정이 준비돼 있다. 정원사는 서로 다른 분야를 포괄하는 매우 다채롭고 까다로운 직업이다. 거기에는 묘목 재배 정원사와 과일 재배 정원사, 여러해살이 식물 정원사, 채소 재배 정원사, 꽃 재배 정원사나 공동묘지 정원사를 양성하는 교육 과정이 있고, 마지막으로 대학에서 전공하는 원예학과 조경학도 포함한다.

이 책에 나오는 전문가들 중 몇 명은 원예업을 하는 가정에서 태어나 어린 시절부터 부모의 큼지막한 정원용 장화를 신고 다니며 자라다가 스스로 같은 직업을 선택했다. 부모나 조부모가 가꾼 아담한 집의 정원을 보고 직업을 선택했거나 혹은 유명한 정원사 할머니나 할아버지가 직업에 대한 사랑을 일깨워준 경우도 있다. 이 외에도 다른 일을 하다가 우연한 기회에 정원과 인연을 맺고 정원에서 직업적 소명을 찾은 사람들도 있다. 그러나 전

●
왼쪽
정원의 파란 꽃은 항상 신비롭다.
대규모로 무리지어 자라는
푸른 아이리스 꽃밭은 인상주의 화가들의
강렬한 그림을 연상시킨다.

●
오른쪽
정원을 가꾸는 일은 삶의 행복을
더없이 누리게 한다. 육체적 노고와
창조적 구성, 수확의 즐거움과
느긋한 향유가 기분 좋게 섞여 있다.

문가로 우뚝 서기 위해서는 효율적으로 지식을 습득하고 다년간 경험하여 전문성을 키우는 것이 무엇보다 중요하다. 이 책에 나오는 정원 전문가들은 각자 자신들만의 방식으로 그러한 전제 조건을 충족했다. 이들은 자신들의 개인적인 지식을 다른 정원 애호가들과 공유하고 싶어 했다. 그래서 기초가 탄탄한 책을 집필하고, 정원 전문 잡지에 관련 글을 기고하고, 라디오와 텔레비전 방송에 출연하고, 정원 전시회를 기획하고, 매우 성공적인 정원 페스티벌을 주최했다. 이러한 메시지는 대중으로부터 열광적인 호응을 얻었다.

　필자가 1993년 정원을 조성하기 시작했을 때 정원과 관련된 방대한 도서가 구비되어 있었다. 당시에 훌륭한 독일 전문서도 여러 권 있었지만 아마추어 정원사들이 읽기에는 부담스러운 경우가 많았다. 그래서 영국에서 정원 관련 서적을 직접 구입했고 당시에 출간되어 있던 번역서도 다수 구입했다. 그 책들이 필자에게는 많은 영향과 자극을 주었는데, 내용을 더 쉽게 이해할 수 있었을 뿐만 아니라 더 실용적이었기 때문이었다. 정원에 대한 흥미로운 주제들은 영국 사진가들이 찍은 환상적인 정원 사진들과 함께 한층 더 매력적으로 다가왔다. 그로부터 20년이 훌쩍 지난 오늘날에는 독일에도 여러 정원을 돌아다니며 다채로운 모습을 담아내느라 여념이 없는 뛰어난 정원 사진가들이 아주 많다. 무엇보다 정원 애호가들의 갖가지 요구와 취향을 고려해 다양한 제안과 대답을 기술한 독일 저자들의 관련 서적이 굉장히 많아졌다는 것이 더할 나위 없이 반가운 일이다. 독일어권에서는 이미 오래전부터 훌륭한 정원 홍보 대사들을 배출해 왔다. 이 책에서는 그중 열한 명의 여성을 소개하고자 한다. 이 여성 전문가들은 우리의 기후 조건을 가장 잘 알고 있고, 우리의 정원에 어떤 식물을 심는 것이 가장 적합한지도 잘 안다. 이들은 오랫동안 자신들의 지식을 현실에 적용하면서 수많은 경험을 쌓았다. 또한 과거에 영국의 선구자들이 그랬듯이, 그동안 쌓은 지식과

아이디어를 자신들의 정원에만 감춰 두지 않고 많은 정원 애호가들과 아낌없이 공유하는 것을 당연하고도 고귀한 과제로 여겼다. 이 정원사들 모두는 공통적으로 정원에 대한 사명감을 가슴에 품고 있으며, 그래서 수많은 아마추어 정원사들이 이들에게 고마워하고 열광한다. 이들은 수많은 독자를 거느린 저자이거나 라디오와 텔레비전 방송에서 정원에 대한 메시지를 전파했다. 또한 정원 페스티벌이나 각 지방과 전국 단위로 열리는 정원 전시회에서 멋지게 조성한 시범 정원들을 선보여 자신들의 창의성을 증명했다. 이들은 일단 정원 가꾸기를 시작하라며 용기를 주고 다양한 아이디어를 제공했으며, 자기 정원을 계속 발전시켜 나가는 즐거움을 전해주었다.

하나의 정원은 단순히 그 안에 있는 식물들의 총합 그 이상의 의미를 지니며, 살아 있는 유기체이자 생성과 소멸의 장소이다. 자연을 돌보고 자연에 대해 제대로 아는 건 정원을 가꾸는 일의 기본이다. 정원사는 오랜 시간 동안 여름, 가을, 겨울, 특히 봄을 보내면서 정원과 하나가 되었고, 자기 정원의 리듬을 알고 마음으로 그것을 이해한다. 자기 정원을 가꿀 때에는 근력, 돈, 인내력, 창의성과 시간 등, 한마디로 모든 것이 필요하다. 하지만 자연이 우리의 정원을 통해서 아낌없이 주는 선물은 우리가 거기에 쏟아부은 시간과 노력과 돈보다 훨씬 크다. 그것은 서서히 커져 가는 사랑이라고 부를 수 있다. 여기 소개하는 여성 전문가들은 자신들의 정원을 토대로 실제적이고 유익한 경험들을 소개한다. 식물이 제대로 자라고 번성할 수 있는 방법은 무엇인지, 아름답기만 한 정원이 아닌 지속가능한 정원을 가꾸는 방법은 무엇인지 등이다. 이들은 매일 정원에서 일하면서 다음과 같은 사실을 깨달았다. "정

원에는 단지 식물들의 삶만 있는 게 아니라 아주 많은 감정이 담겨 있다. 정원 자체가 매우 넓은 차원을 갖고 있다. 그건 아마 영혼이라고 부를 수 있을 것이다." 정원은 마법이자 행복이며, 정원 밖에서는 느끼기 어려운 몰입의 순간이 정원에는 있다. '흐르다, 넘치다'라는 의미의 영어 'Flow'로부터 나온 심리학 용어인 몰입은 하나의 활동에 완전히 심취해 무아지경으로 일체가 된 상태를 나타낸다. 정원 가꾸기는 영향력이 큰 행복의 한 형태다. '정원 몰입'은 강한 동기와 집중력이 생산적인 조화 속에서 하나가 될 때 생긴다. 능동적으로 정원을 가꿀 때든 창조적으로 디자인을 할 때든 마찬가지다. 몰입 상태에서는 전혀 힘이 들지 않고, 지금 하고 있는 일에 흠뻑 빠져 몸과 마음이 아무런 방해 요소 없이 조화로운 일체감 속에서 상호작용한다. 정원은 이처럼 놀라운 행복의 순간을 선사한다. 물론 정원을 조용히 관찰하고 향유하는 것만으로도 지상낙원을 보는 듯한 환상에 빠진다.

정원은 자연적이면서도 인간에게 맞춰진 속도로 아마추어 정원사와 혼자서 정원 가꾸기를 배우려는 사람들에게 끈기 있는 스승이 되어 준다. 거트루드 지킬도 이미 정원사가 느끼는 손일의 즐거움이나 예술적 형상화의 욕구를 실현하는 즐거움뿐만 아니라 영적인 경험의 기쁨을 찬양했다. "하나의 정원은 놀라운 스승이다. 정원은 참을성과 기다림을 가르친다. 부지런함과 절약을 가르치고, 무엇보다 무한한 신뢰를 가르친다." 백과사전을 가득 채울 수 있을 만큼 엄청난 지식을 가진 이 책의 정원 전문가들은 '정원 철학'을 무엇보다 중요하게 여긴다. 이들은 이 책에서 자신들만의 정원 가꾸기 비결뿐만 아니라 정원에서 삶을 성찰한 개인적 경험 또한 나누고 있다. 이 정원사들의 모습을 담은 근사한 사진들만 보더라도 이들이 정원에서 얼마나 큰 행복을 느끼는지 알 수 있고, 온 세상에 긍정적인 메시지를 전파하고 싶어 한다는 걸 느낄 수 있다. 참으로 고마운 일이다.

모든 정원은 하나의 섬이다

마이나우 섬에서 일하는 40명이 넘는 정원사와 원예 기술자들은 탁월한 원예 능력을 국제적으로 인정받고 있다. 식물의 재배와 육성, 희귀종의 보존, 식물의 다양성 확대와 관련된 남들과 비교할 수 없는 정원 지식과 노하우로 이들은 인기 있는 권위자가 되었다. 이 전문가들은 형형색색으로 꾸며진 꽃밭의 고전적 양식부터 새로운 정원 트렌드를 보여주는 양식에 이르기까지 이 꽃섬을 쉴 새 없이 가꾸고 다채롭게 발전시켜 나가고 있다. 마이나우 섬은 이곳을 방문하는 사람들에게 느긋한 휴식과 감각적인 향유를 선사하며, 아울러 자기 정원을 가꾸는 사람들에게 도움이 되는 귀중한 자극도 준다.

베티나 베르나도테 백작Bettina Gräfin Bernadotte은 레나르트와 소냐 베르나도테 백작 부부의 장녀로서 2007년에 마이나우 유한 책임 회사를 물려받아 경영하고 있다. 꽃섬에서 태어나고 자라난 그녀의 성장 배경 덕분에 그녀는 일찍부터 자연과 환경을 바라보는 자신만의 관점을 확립했다. 다방면으로 교육을 받아 최상의 자격을 갖춘 베티나 베르나도테는 젊은 나이에 사업의 막중한 책임을 떠맡았다. 감수성이 뛰어나고, 사람과 식물에 대한 섬세한 감각을 타고난 데다 뛰어난 경영 능력까지 두루 갖춘 그녀는 마이나우 섬이 매우 특별한 장소임을 일찍부터 깨달았다. 그래서 남동생 비외른 베르나도테 백작과 함께 '인간을 위한 정원 가꾸기'라는 부모의 신념에 충실하게 마이나우 꽃섬을 이끌어왔다. 그러나 그녀의 시선은 꽃섬의 경계를 넘어 멀리 향한다. 예술사, 언어, 그리고 다양한 사람들과의 만남은 그녀의 주된 관심사다. 베르나도테 백작은 매년 독일의 작은 도시 린다우에서 열리는 권위 있는 노벨상 수상자 모임의 집행위원장을 맡고 있고, 어린

이를 위한 건강한 영양 섭취 운동에도 활발하게 참여하고 있으며, 독일 원예 협회 1822의 회장단의 일원이기도 하다. 이 모든 활동에서 베르나도테 백작은 예술과 인간과 자연 사이의 다층적이고 심도 있는 대화를 가장 중요하게 여긴다. 그것이 마이나우 섬의 비밀이다. 베르나도테 백작은 마이나우 섬을 방문하는 사람들이 예술과 인간과 자연의 조화로운 삼화음을 느끼고 고요와 균형의 시간을 찾길 바란다고 했다.

베르나도테 백작은 세 아이의 엄마이기도 하다. 그래서 어린 아이들이 놀면서 마이나우 섬의 정원 세계에 빠져들 수 있도록 하는 데 특별한 관심을 쏟는다. 그 결과 아이들이 마음껏 뛰어놀 공간이 충분히 마련된 '블루미의 물가 나라'와 '물의 나라'를 조성했다. 아이들은 여기서 다양한 체험과 탐구 활동을 즐길 수 있다. 이국적인 나비 하우스에서는 형형색색의 매혹적인 나비를 보며 감탄할 수 있고, 새로 문을 연 곤충 정원에서는 부지런하게 움직이는 벌들이 보여주는 흥미로운 세계를 관찰할 수 있다. 마이나우 섬에서는 계절에 따른 정원 만들기 대회도 열리며 별도의 심사 위원회가 수상작을 선발한다. 이 대회는 정원 디자인과 조경학을 배우는 학생들이 자신들의 구상을 실현해 수많은 대중에게 선보이는 공개적인 플랫폼 역할을 한다. 베르나도테 백작은 전문 지식, 공감 능력과 진정성으로 가족의 유산을 이어가며 수많은 사람들에게 마이나우 섬에서의 잊을 수 없는 시간을 선사한다. 마이나우 섬은 보덴제에 정박한 꽃의 방주와도 같은 물 위의 에덴동산이다.

> 80퍼센트 이상의 독일인이 보덴제의 꽃섬 마이나우를 안다. 매년 그곳을 찾는 관광객이 120만 명에 이르니 그리 놀라운 일도 아니다.

17

베티나 베르나도테 백작과 함께한 마이나우 섬 산책

우리는 베티나 베르나도테 백작과 인터뷰하기 위해서 마이나우 섬을 찾았다. 인터뷰 장소는 성 안에 있는 그녀의 사무실이 아니라 공원의 아름드리나무들 아래였다. "저는 섬의 여러 곳을 약속 장소로 정하는 걸 무척 좋아해요. 그곳으로 가는 산책길이 제게는 긴장을 풀고 휴식하는 아름다운 순간이고, 저의 대화 상대에게는 감속을 의미하니까요." 베르나도테 백작은 차분한 목소리로 마법의 주문과도 같은 '감속'이 무슨 뜻인지 이어서 설명했다. 그것은 단순히 느린 것이 아니라 인간이 편안한 상태로 자기 자신과 일체가 되는 자연적인 속도라고 했다. 그러면서 오늘날처럼 정신없이 분주한 시대에는 자연과의 관계 맺기가 꽤나 중요하다고 덧붙였다. "자연은 무리하게 요구하는 법 없이 자신만의 고요한 리듬을 갖고 있어요. 그래서 우리의 일상생활에 자연을 스며들게 하는 게 좋습니다." 베르나도테 백작은 사무실에 있다가 잠시 쉬고 싶을 때 자신이 무엇을 하는지 말해주었다. "천천히 걸어 다니면서 '벤치 호핑'을 해요. 이 벤치에서 저 벤치로 산책을 한다는 뜻이죠." 몸에 긴장이 풀리면, 고개를 들어 여기저기 바라보면서 자연이 들려주는 이야기에 귀를 기울인다고 했다. 수목원에 있는 약 150년 된 나무들을 관찰하거나 거대한 나무들이 자아내는 성스러운 분위기에 취해 있으면 무한한 시간에 대한 눈이 열린다고도 했다. "시간의 바다에서는 단 하루의 시간도 영원과 같은 가치를 얻게 되죠."

섬으로서의 정원

"모든 정원은 원래 하나의 섬이에요." 베티나 베르나도테 백작은 그렇게 말했다. 하나의 정원은 경계가 구분되고 '식물을 재배할 목적으로 울타리를 친 땅'으로 규정되지 않던가. 실제로 울타리를 쳐서 보호하든 이웃집과의 정서적인 경계로 구분하든

자기만의 정원은 오아시스와도 같다. 인간은 이곳을 원하는 대로 가꾸며 자신만의 소우주를 만들 수 있고, 지극히 개인적인 삶의 감정을 발전시켜 나갈 수 있다. 이 세계는 점점 더 많은 것을 요구하는 나머지 세상과 멀리 떨어져 있다. 창의성과 창조력이 만나는 곳에서는 개성이 넘치는 정원이 탄생한다. 마이나우 섬이 2012년에 내건 '태양에 대한 갈망 – 남쪽의 섬'이라는 모토에 걸맞게 마이나우 정원사들은 열대의 분위기를 떠올리게 하는 작은 섬의 정원들에 파란색으로 물결치는 꽃의 바다를 펼쳐 놓았다. 카리브 해의 세인트루시아를 마이나우의 '자매 섬'으로 부르는 것처럼, 머나먼 곳에 있는 섬들의 이름을 붙인 소박하면서도 매력적인 설치물들은 열대 지역에서 나는 귀중한 식물들로 채워졌다. 베티나 베르나도테 백작은 흥분해서 설명했다. "다른 식물계는 곧바로 다른 삶의 감정을 선사해요." 사람들은 대개 본인이 아는 것만을 보게 되는데, 식물은 휴가의 기억을 다시금 떠올리게 하고 태양에 대한 동경을 불러일으킨다.

마이나우 섬에서는 매년 계절별 정원 가꾸기 대회가 열렸다. 2012년의 주제는 '섬으로 떠나야 할 때'였고, 정원 디자인과 조경학을 배우는 학생들로 이루어진 열여덟 팀이 대회에 참가했다. 그중에서 상을 받은 다섯 팀의 정원 디자인이 섬의 한쪽 부지에 실현되었다. 한 정원은 '당신의 무엇을 동경하는가?'라는 제목이었고, 나무 갑판으로 섬으로의 여행을 초대하는 상징적인 뗏목을 묘사했다. 베티나 베르나도테 백작은 특히 '당신의 균형을 찾아라 – 부담의 정도를 벗어나면 해소할 길도 없다'라는 정원이 마음에 든다고 했다. 이 시범 정원의 중앙에 놓인 흔들의자는 제목 그대로 각자의 균형을 찾아보라고 관람객들을 초대한다. '발전'이라는 제목의 정원은 관람객이 어둡고 낮은 아치형 구조물을 지나가게 한다. 성경의 요나가 고래의 뱃속으로 들어가는 것처럼 말이다. 나무로 만들어진 이 아치형 구조물은 안으로 들어갈

●
왼쪽
베티나 베르나도테 백작은
잔잔한 보덴제가 보이는 수목원의
오래된 나무들 사이에서
그녀만의 삶의 속도를 조절한다.

우리는
찬란한 햇살을 받으며
꽃으로 둘러싸인
유명한 이탈리아풍
계단식 폭포로 향했다.

수록 위쪽이 점점 더 벌어지면서 환해지다가 마지막에 빛의 섬이라는 곳으로 들어서게 된다. 거기 있는 큼지막한 성배 모양의 나무 구조물은 다채롭고 향기로운 꽃들로 장식되어 있어서 가벼운 색채의 바람이 부는 듯하다. 델피니움*Delphinium*과 불로화*Ageratum housto-nianum*의 서늘한 파란색이 가시풍접초*Cleome spinosa*와 가우라*Gaura lindheimeri*, 레이스 플라워라고 불리는 아미*Ammi majus*의 눈부시게 하얀색과 어우러져 있다. 관람객은 상상 속 세계를 여행하듯 다시 좁고 어두운 터널을 지나, 활기 넘치고 한껏 고무된 상태로 자신의 일상으로 돌아간다.

모두를 위한 정원

베르나도테 백작에게 정원에 대한 생각을 묻자 곧바로 대답이 이어졌다. "인간은 정원에서 언제든 환영받아야 하고 정원에 들어서

면 바로 편안함을 느낄 수 있어야 합니다." 또한 아이들이 마음껏 뛰어놀 수 있도록 내구성이 강한 잔디밭이 최대한 넓게 펼쳐져 있기를 바란다고 엄마로서 말했다. 화단에서는 관상용 식물과 유용 식물이 경쾌하게 어우러진 모습을 좋아한다면서 '혼합의 매혹'을 말했다. 중간에 섞여서 자라는 딸기나 베리류 덤불은 사람이 지나갈 때 맛있는 것을 따먹으라고 유혹한다. 베르나도테 백작은 원추리를 좋아하는데, 꽃이 무척 아름다울 뿐만 아니라 먹을 수도 있기 때문이라고 했다. 그녀는 꽃을 몇 개 따서 우리에게도 먹어보라고 건넸다. 우리는 수술을 따 버린 뒤 톡 쏘는 맛이 나는 꽃잎을 씹어 먹었다. 마지막 부분이 가장 좋았는데 암술이 특히 맛있었기 때문이다. 얼마나 진기하고 감각적인 즐거움인가! 샐러드 위에 뿌린 원추리 꽃은 알알하고 호두 맛이 나기도 하며 색다른 맛을 준다. 생명력이 강하고 노란색, 붉은색, 오렌지색 꽃이 피는 다채로운 한련도 눈과 입을 호강시키며 먹을 수 있는 꽃이다.

우리는 찬란한 햇살을 받으며 꽃으로 둘러싸인 유명한 이탈리아풍 계단식 폭포로 향했다. 가파르게 형성된 계단 위로 물이 흘러내리며 청량감 넘치는 소리가 났다. 관람객들은 매년 계절별로 새로운 모습을 연출하는 화려한 장식 화단을 올려다

보며 감탄한다. 장미색, 연보라색, 하얀색이 만발한 우아한 여름꽃들이 우리를 매혹시킨다. 집에서 정원을 가꾸는 사람들은 다양한 아이디어를 모을 수 있을 것 같았다. 관목과 향이 나는 다채로운 풀이 여러해살이 식물로 이루어진 현대적인 정원의 기본 구조와 틀을 형성하고 있었다. 여기서는 7백여 개가 넘는 품종이 봄부터 가을까지 꽃들의 화려한 불꽃놀이를 펼친다. 초원 정원과는 달리 작약, 오리엔탈양귀비 *Papaver orientale*, 원추리와 같은 화려한 여러해살이 식물을 추가로 심어 일 년 내내 생기가 넘치는 매력적인 화단이 만들어진다. 여러해살이 식물의 다발열매는 서리가 내리거나 눈이 왔을 때 환상적인 겨울 풍경을 만들어주어 일 년 내내 개방되어 있는 마이나우 섬에 또 다른 볼거리를 제공한다.

인간의 생존에 꼭 필요한 꿀벌

마이나우 섬 포도밭에서 멀지 않은 곳에 새롭게 들어선 곤충 정원은 교훈적이면서 신선한 자극을 준다. 알록달록한 여름 꽃밭에 세워진 수수하면서도 매력적인 '곤충들의 호텔'은 전적으로 마이나우 섬에서 나오는 재료들로 만들어졌다. 자연석판과 벽돌, 나무와 갈대가 층층이 쌓여 자연 그대로의 야생 담장을 형성했다. 이러한 재료들은 적정 온기를 유지해줘서 습하지 않고 공기가 잘 통하며, 여러 종들에게 적합한 보금자리를 제공한다. 멀지 않은 곳에 자리 잡은 '야생벌들을 위한 주거용 마천루'는 특히 근사한 모습을 보여준다. 마이나우 섬에서 벌채된 나무들은 이런 식으로 예술적·생태학적으로 의미 있는 삶을 새롭게 얻게 된다. 높이 자리한 이 조각품들에는 2밀리미터에서 8밀리미터 넓이에 약 8센티미터 깊이의 구멍이 있으며, 벌써 새로운 집으로 이사한 야생벌들도 제법 있다. 마이나우 섬에서 자라는 은백양 나무의 속 빈 나무줄기가 특히 볼 만한데, 그곳에는 이미 상당히 많은 벌들이 살고 있다. 관람객들은 그물망으로 얼굴을 보호한 뒤 벌들이 속 빈 나무줄기 안으로 기어들어가 활기차게 날아다니며 부지런하게 일하는 모습을 관찰할 수 있다.

광범위한 곤충 정원을 조성한 베르나도테 백작은 우리의 삶에 중요한 역할을 하는 자연의 작은 조력자에게도 관심을 가지도록 의도했다. 재배 식물과 야생 식물의 80퍼센트는 꿀벌에 의존해 수분을 한다. 꿀벌은 우리에게 가장 중요하고 유용한 곤충 중 하나이지만 크기가 작아서 과소평가되는 경향이 많다. 오늘날 꿀벌은 식물보호제와 각종 질병으로 많은 위험에 처해 있다. 따라서 식물이 자연적으로 성장할 수 있게 하고, 단일 재배를 제한하고, 야생벌들에게 부화할 가능성을 제공하는 일은 매우 중요하다. 마이나우 섬은 벌들의 낙원이다. 이른 시기에 사과나무에 꽃이 피고, 여름에는 각종 꽃들이 만발하며, 가을에는 아이비처럼 늦게 꽃이 피는 식물들이 계절 내내 풍부한 양분을 제공한다. 곤충 정원의 풀밭에는 다양한 품종의 자생종이 자라고 있다. 매년 다채로운 색깔의 꽃이 피는 외래종도 추가로 심고 있는데, 이는 곤충들에게 다양한 먹이를 공급하고 관람객들에게는 생동감 넘치는 볼거리를 제공하기 위해서이다. 알록달록한 꽃들이 만발한 풀밭의 모습은 정원을 가꾸는 모든 사람의 마음을 설레게 하고, 자기 집 정원에도 벌들이 날아들 수 있는 아담하고 예쁜 집을 만들고 싶다는 소망을 일깨운다.

눈부시게 아름다운 여름날 마이나우 꽃섬을 둘러볼 기회를 준 베르나도테 백작에게 진심으로 고마움을 전한다. 우리는 영원히 기억될 아름다운 인상과 여러 가지 생각으로 고무된 마음을 간직한 채 발길을 돌렸다.

1

보라색, 하얀색, 노란색 꽃들이
여름 내내 바람에 살랑거린다.
다음 해에는 새로운 꽃들이 다시
행복하게 피어난다.

2

하얀색이든 분홍색이든
생명력이 강한 가시풍접초는
키 큰 한해살이 식물 가운데
단연 돋보인다.

3

색을 칠한 목재 요소들은
생기발랄한 화단을 더욱
예술적으로 보이게 하고,
사람들의 이목을 끈다.

베르나도테 백작은 식물 중에서 튤립을 가장 좋아한다. 겨울이 지난 뒤 넘치는 힘으로 피어나기 때문이다. 활짝 핀 튤립은 생기발랄하고 유혹적이다.

좋아하는 품종들

꽃이 일찍 피고 지속적으로 피어 있는 품종:

카우프마니아나 튤립*Tulipa kaufmanniana*에 속하는 키 작은 튤립은 3월부터 꽃이 핀다. 가령 오렌지색을 띤 '얼리 하비스트*Early Harvest*'와 선홍색의 '쇼위너*Showwinner*'가 있다.

야생으로 자라는 그레이기 튤립*Tulipa Greigii*에는 연분홍빛을 띤 '토론토*Toronto*'나 붉은 빛으로 반짝이는 '레드 리플렉션*Red Reflection*'이 있다.

4월에는 비교적 다양한 크기로 자라는 포스테리아나 튤립*Tulipa fosteriana*이 피는데, '오렌지 엠퍼러*Orange Emperor*'나 하얀색의 '푸리시마*Purissima*'가 있다.

다양한 형태를 지닌 야생 튤립에는 노란색과 하얀색 꽃이 피는 타르다 튤립*Tulipa tarda*, 유황색을 띤 바탈리니 튤립*Tulipa batalinii* '브라이트 젬*Bright Gem*', 한 구근에서 여러 개의 꽃이 피고 붉은오렌지색을 띤 프레스탄스 튤립*Tulipa praestans* '푸실리어*Fusilier*'가 있다.

화려하고 높이 자라는 정원 튤립:

트라이엄프 튤립*Triumph tulips*에 속하는 검붉은 꽃이 피는 '쿨뢰르 카르디날*Couleur Cardinal*', 진한 오렌지색과 자두색이 혼합된 '프린세스 이레네*Prinses Irene*', 질은 자주색 꽃이 피는 '네그리타*Negrita*'가 있다.

새빨간 색으로 반짝이는 시골풍의 커다란 꽃이 피는 다윈 하이브리드 튤립*Darwin Hybrid Tulips*에는 '퍼레이드*Parade*', '옥스퍼드*Oxford*', '뷰티 오브 아펠도른*Beauty of Appeldoorn*'이 있다.

색의 변화를 주는 튤립:

오렌지색의 '오렌지 썬*Orange Sun*', 빨간색과 노란색의 '아드 렘*Ad Rem*', 장미빛의 '핑크 임프레션*Pink Impression*'.

4월부터 꽃이 피는 나리꽃 모양*lily-flowered*의 튤립:

하얀색 꽃이 피는 '화이트 트리움파토어*White Triumphator*'는 매우 고상한 인상을 풍기고, '퀸 오브 시바*Queen of Sheba*'는 노란색 테두리가 있는 빨간색 꽃이 핀다. '웨스트포인트*Westpoint*'는 꽃잎의 끝이 뾰족하게 갈라지는 연노란색 꽃이 핀다.

5월에 늦게 꽃이 피는 튤립:

검붉은 색을 띤 '퀸 오브 나이트*Queen of Night*', 크림색을 띤 '모린*Maureen*', 연분홍빛 꽃이 피는 '멘톤*Menton*'.

벌에게 유익하고 가정에서 키우기 좋은 10가지 식물

차이브*Allium schoenoprasum*, 뉴잉글랜드 과꽃*Aster novae-angliae*, '네피텔라'로 불리는 칼라민타 네페타*Calamintha nepeta*, 에키나시아*Echinacea purpurea* 'Magnus', 에키놉스 리트로 '베치스 블루'*Echinops ritro* 'Veitch's Blue', 라벤더*Lavandula angustifolia* 'Imperial Gem', 네페타 라세모사 '수퍼바'*Nepeta racemosa* 'Superba', 살비아 네모로사 '카라돈나'*Salvia nemorosa* 'Caradonna', '가을의 즐거움'이라는 뜻을 가진 세둠 텔레피움*Sedum telephium*, 베르베나 보나리엔시스*Verbena bonariensis*.

야생벌을 위한 조언

구멍이 뚫린 벽돌이나 기와 등의 재료를 활용해 마른 담장을 만든다. 눈에 보이는 면이 최대한 남동쪽을 향하게 한다.

오래된 나무 그루터기를 놓아둔다. 지름 2~10밀리미터, 깊이 약 8센티미터인 구멍을 가로로 뚫는다.

직접 만들거나 구매한 벌집을 걸어놓는다. 비와 바람을 최대한 피할 수 있도록 주의한다.

갈대, 대나무, 블랙베리 줄기를 10~20센티미터 길이로 잘라 다발로 묶은 뒤 비를 피할 수 있는 곳에 가로로 설치한다.

정원에 한 무리의 벌떼가 살 수 있도록 하는 건 퍽 의미 있는 일이고, 실제로 허가된 일이기도 하다. 거기에 적합한 정원의 최소 크기는 정해져 있지 않다. 다만 벌집을 걸어두는 장소는 벌들이 드나드는 구멍을 남동쪽으로 설치하는 것이 이상적이다. 벌집 몇 미터 앞쪽으로 왕래가 많지 않은 곳이어야 한다.

벌들은 정원과 녹지대 3킬로미터 주변에서 규칙적으로 날아다닌다.

나비를 효과적으로 이끄는 10가지 식물

'핑크 딜라이트*Pink Delight*' 또는 여름 라일락으로 불리는 부들레야*Buddleja davidii*, 밤에 강한 향기를 풍기는 로니세라*Lonicera*, 밤에 향기를 풍기는 달맞이꽃*Oenothera biennis*, 밤낮으로 좋은 향기가 나는 풀협죽도*Phlox paniculata*, 밤낮으로 좋은 향기가 나서 비누풀이라고도 불리는 사포나리아 오피키날리스*Saponaria officinalis*, 일명 과부꽃으로 불리는 노티아 마케도니카*Knautia macedonica*, 오리가눔 레비가툼 하이브리데 '헤렌하우젠'*Origanum-Laevigatum-Hybride*, 'Herrenhausen', 딜*Anethum graveolens*, 대형 화분에 키우는 란타나 카마라*Lantana camara*, 대형 화분에 키우는 푸크시아*Fuchsia*.

나비들을 정착시키기 위한 팁

장식용 식물은 꽃이 만발하지 않도록 주의한다.

나비는 분홍색, 보라색, 빨강색, 주황색, 노란색 꽃을 좋아한다.

나방은 하얀색 꽃을 좋아한다.

달콤하고 진한 향기는 모든 나비와 나방을 유혹한다.

애벌레의 먹이로 좋은 식물

당근, 야생 당근, 딜, 회향 등 미나리과에 속하는 식물들, 티무스 불가리스*Thymus vulgaris*, 쐐기풀, 블랙베리와 라즈베리도 좋다.

그 밖에도 애벌레들은 사과나무, 체리나무, 제니스타*Genista*, 아이비, 호두나무와 같은 목본 식물을 좋아한다.

나비들을 위한 먹이

접시에 과일 조각과 물을 조금 담아 정원에 둔다. 썩은 과일(배, 자두, 사과)은 늦여름에 붉은 제독*Red Admiral*이라고 불리는 바네사 아탈란타*Vanessa atalanta* 같은 나비를 유혹한다.

아름답게 재단된 정원들

브리기테 뢰데^{Brigitte Röde}의 할아버지는 작은 책자에 적힌 식물들의 라틴어 학명을 어린 손녀에게 애정 어린 눈길로 설명해주었고, 손녀는 그 책자를 아직까지도 귀중한 보물처럼 간직하고 있다. 뢰데는 그때부터 이미 딸기나 꽃을 따는 대신 작은 정원을 만들어 여러 갈래 오솔길을 내고 이끼로 푹신하게 앉을 자리를 마련하는 일을 더 좋아했다. 훗날 걷게 될 직업적인 성장 과정의 싹이 이미 드러난 것이다. 그녀의 할아버지가 살아 있었다면 오늘날 쾰른에 자신의 사무실을 운영하며 국제적인 정원 디자이너이자 조경가로 성공한 손녀딸을 무척 자랑스럽게 여겼을 것이다. 뢰데의 정원은 여러 차례 상을 받았는데, 2012년에 디자인한 '경사진 곳을 위한 건축학적 정원'은 노르트라인베스트팔렌 주에서 수여하는 조경 상을 받았다.

"정원 디자이너는 이론만 알아서는 안 되고 정원이 어떤 느낌을 주는지도 알아야 합니다." 브리기테 뢰데의 말이다. 뢰데는 기본적인 교육 과정을 착실히 거치면서 수련했다. 처음에는 묘목원이 딸린 대규모 원예조경 회사와 한 원예원에서 실질적이고 중요한 갖가지 경험을 쌓았고, 그곳에서 일하는 동안 여러해살이 식물에 대한 애정도 발견했다. 오스나브뤼크에서 국토 보존과 관련된 학업까지 마친 뒤, 그녀는 겨우 스물다섯 살의 나이에 개인 사무실을 열었다. 거리낌이 없었지만 잘 준비된 상태였고 의욕도 넘쳤다. 그리고 사무실을 열자마자 개인 주택의 정원 디자인에 집중했다. "제가 굳이 찾으려고 애쓰지 않고도 발견한 일종의 틈새였죠." 정원 관련 서적의 저자로서도 성공한 브리기테 뢰데는 첫발을 내딛던 때를 그렇게 회상했다. 개인 고객들과의 관계는 매번 달랐다고 했다. 그녀는 고객들의 바람, 그들의 요구와 생활 리듬을 정확히 이해하고 싶었다. 그래야 그들만을 위한 매우 개인적이고 개성 있는 정원을 만들 수 있다고 했다. 또한 특정한 양식으로 제한을 두고 싶어 하지도 않았

브리기테 뢰데는 집안의 좋은 정원 유전자를 타고났다. 그녀는 로덴부르크의 뷔메 강가에 자리한 부모님의 아름다운 시골 정원에서 각종 채소, 꽃들과 함께 성장했다.

는데, 그녀의 정원 디자인은 고객들만큼이나 다양했기 때문이다. 그녀의 모든 정원은 각각이 하나의 원형이고 다른 어떤 정원과도 비교할 수 없다.

브리기테 뢰데는 전문적인 다양성을 보여주었다. 일찍부터 옥상 녹지화라는 혁신적인 주제의 중요성을 인식했고 1991년에 대규모 주거 단지를 위한 옥상 정원을 설계했다. 뢰데에 따르면 완벽하게 설계된 건축은 잘 조성된 정원의 견고한 뼈대이자 지속적인 토대이고, 그러한 정원은 때로 한 사람의 평생을 동반하기도 한다. 뢰데가 지금까지 디자인한 정원은 15제곱미터의 작은 베란다 정원에서 11헥타르의 대규모 주택 단지와 공원에 이르기까지 약 5백여 개에 이르며, 모든 소유자들에게는 그들만의 개인적인 에덴동산이다. 브리기테 뢰데는 서로 다른 기후대에 따라 각각의 주변 환경에 적합한 식물을 심을 줄 안다. 네덜란드의 혹독한 북해 해안가에서든 지중해의 마요르카 섬에서든, 아니면 중앙 유럽의 기후대에 속하는 헝가리 벌러톤 호숫가나 살을 에는 듯이 추운 추크슈피체 산 아래에서든 그곳의 풍토를 집중적으로 연구한다. 주변 환경에 조화롭게 편입되어 정원 주인을 지속적으로 만족시킬 수 있는 정원을 설계하기 위해서다. 그러나 다른 무엇보다 중점을 두는 부분은 정원 주인이 자신의 정원에서 언제든 편안하게 느낄 수 있게 해줄 식물을 제대로 선택하게 하는 문제다.

루이 14세도 이미 자신의 궁정 조경가인 앙드레 르 노트르에게 이렇게 말했다고 한다. "자네야말로 행복한 사람일세." 브리기테 뢰데는 자신의 직업에 대해 말할 때마다 기쁨에 넘치는 얼굴로 그 말이 맞다고 했다. "이렇게 멋진 일을 할 수 있어서 얼마나 행복한지 모릅니다."

한 주택의 설계를 맡은 건축가가 고객과의 첫 만남에서 이렇게 물었다. "당신이 가장 중요하게 생각하는 방은 어딥니까?" 그러자 고객은 망설임 없이 대답했다. "정원이오!" 나는 그때 제법 큰 규모의 정원을 설계해 달라는 요청을 받았고 굉장히 의욕적인 정원 여주인과 곧바로 멋진 공동 작업에 들어갔다.

정원 디자인을 의뢰하는 모든 고객이 건축가의 질문에 이처럼 분명하게 대답하지는 못한다. 하지만 정원을 함께 설계해 나가는 동안 고객들도 나의 흥분과 열정을 고스란히 느끼는 경우가 많고, 적어도 약간은 거기에 전염된다. 정원의 크기나 위치와 상관없이 내게는 모든 정원 디자인이 언제나 새롭고 흥미로운 과제다. 모든 정원은 자기만의 무궁무진한 잠재력을 갖고 있다. 나는 끊임없이 도전하고 새로운 아이디어를 발전시켜 나가는 걸 좋아한다. 그래서 특정한 하나의 정원 양식을 구현하는 건 내 성에 차지 않는다. 정원을 설계할 때마다 활용할 수 있는 무궁무진한 디자인의 가능성은 언제나 새롭게 내적 동기를 부여한다.

정원은 긴장을 풀고 휴식을 취하는 곳이고, 즐거운 파티의 장이자 아이들이 신나게 뛰어노는 놀이터이기도 하다. 이 외에도 주거 공간과 직접적인 관계에 있고, 적절하게 배치하여 보는 곳에 따라 다른 모습을 제공할 수도 있다. 또한 시간이 지나고 계절이 바뀌면서 계속 변하기 때문에 언제나 흥미로움을 유발한다.

나는 고객들이 꿈꾸던 정원을 현실이 되게 하는 것을 좋아한다. 내가 디자인한 정원을 몇 년 뒤 다시 찾아가 정확히 내가 상상했던 모습으로 변해 있는 정원을 만날 때, 고객들이 정원 곳곳에서 편안함을 느낀다는 말을 들을 때면 나는 이루 말할 수 없는 행복을 느낀다.

나의 정원 디자인은 현장에서의 첫 만남과 건축주의 '희망 사항 목록'에서 시작된다. 이 목록은 구체적인 실현 가능성과는 상관없

위
뢰데는 현장에서 세부 도면을
이용하여 정원 디자인에 대해
의뢰인과 의견을 나눈다.

아래
수영장이 딸린 기존의 정원 위로
자연스러우면서도 격식 있게 스며든
식물 디자인이 의뢰인을
무척 기쁘게 했다.

이 정원 주인이 평소 꿈꾸던 것들을 마음대로 적는 것이다. 나는 이 대화에 많은 시간을 할애하는데, 때로는 서로 이야기를 나누는 과정에서 고객이 정말로 중요하게 생각하는 점과 그동안 몰랐던 희망이나 꿈을 비로소 알게 되는 경우도 많기 때문이다. 이는 고객이 나를 신뢰할 때만 가능한 일이다. 이 시점에서 내가 중요하게 여기는 부분은 정원 소유주들에게 가장 잘 맞는 최적의 정원에 대한 직감을 얻는 것이다. 다시 말해서 정원 소유주들이 직접 설계에도 참여할 수 있게 하고 그들에게 맞게 재단된 정원을 구상하는 것이다.

정원이 들어설 곳의 주변 환경은 전체적인 인상을 풍부하게 해준다. 그래서 대지를 직접 둘러보고 체험하는 일이 중요한데, 어떤 정원이나 옥상 정원, 안뜰도 토지의 경계면에서 정확히 끝나는 경우는 드물며 항상 주변 환경의 영향을 받기 때문이다. 시야와 전망이 좋은 곳은 어디이고 외부 시선으로부터 보호가 필요한 곳은 어디일까? 이웃집 정원에 큰 나무가 있는 곳은 어디이고 높이를 우회할 방법은 무엇일까? 이런 문제들은 사진만 보고는 해결되지 않는다.

내 목표는 정원을 조화로운 전체적 인상을 위한 연결 고리로 이용하는 것이다. 정원은 집의 건축 구조와 연관되어야 하지만 주변 환경도 고려해야 한다. 동일한 사람이 소유한 집을 위한 정원이라도 주변 환경이 시골인 경우에는 도시와 달라야 한다.

그래서 나는 현장에서 측량한 결과를 토대로 기존의 주변 환경을 정확히 반영한 도면을 작성한다. 이 도면과 고객의 희망 사항, 활용도, 생활 습관을 토대로 처음에는 내 머릿속에서, 나중에는 작업대에서 정원에 대한 스케치와 여러 가지 구상이 나온다. 여기서는 수많은 생각과 아이디어를 마음껏 그려내도 된다. 나는 어떤 것이 효과적일지, 어떤 요소가 오히려 방해가 될지 다양하게 실험한다. 정원이 각양각색

1

하얀색 꽃이 둥근 공처럼
큼지막하게 핀 아나벨 수국이
선적 구조에 밝은 경쾌함을
선사한다.

2

정교한 솜씨로 배치한 자연석과
항상 적절한 온도를 유지하는
목재 단상이 좋은 정원의
기본 요소를 이룬다.

3

이웃집 정원의 아름다운
나무들을 배경으로
자연스럽게 들여온
솜씨가 탁월하다.

4

에너지를 절약하는 수영장의
롤 커버는 치워서 보이지 않지만
나무판 아래쪽에 넣어 두었다가
다시 쉽게 꺼낼 수 있다.

위
카탈파(*Catalpa*) 나무는
아름다운 모습으로 일 년 내내
시선을 사로잡고 구름처럼 펼쳐진
회양목과 함께 비단 같은 잔디밭에
활기를 불어넣는다.

왼쪽
정원 디자이너는 정밀한 측량과
분명한 지시로 설계도가
정확히 작업되도록 한다.

의 옷을 입어보는 것이라고 말할 수 있다.

최초의 구상들이 머릿속에서 '무르익고' 보완이 되는 창조적인 휴지기가 지나면, 나는 그 구상들을 조화롭게 균형을 이룬 예비 설계도로 종합한다. 보통은 전혀 다른 두 개의 예비 설계도가 탄생하는데, 이는 고객이 원하는 내용은 똑같이 담고 있으면서도 전혀 다른 해결책을 제공한다.

이 두 개의 예비 설계도를 소개할 때는 직접 색을 칠한 도면이나 세부 스케치를 이용해 의뢰인에게 여러 가지 가능성을 최대한 입체적으로 전달한다. 새로운 정원이 얼마나 다양한 측면을 제공할 수 있는지 설명하면 많은 의뢰인들이 깜짝 놀란다. 이 과정은 옷을 살 때 여러 가지 옷을 입어보는 일과 비슷하다. 마음에 드는 대로 골라서 입어보고 비교하다가 결국에는 딱 하나만 선택하는 것이다.

이제 중요한 건 정원 주인의 개인적인 선호와 결정이다. 그들이 어떤 요소를 특별히 매력적으로 느끼고 어떤 전체적 구상을 가장 마음에 들어 하는지가 중요하다.

우리는 마음에 드는 건 무엇이고 아직 부족한 건 무엇인지 함께 의논한다. 그런데 파트너 사이에 생각이 서로 다르거나 심지어 상반된 경우에는 문제가 까다로워진다. 이럴 때는 중재 작업이 필요하다. 그래야 나중에 완성된 정원에서 가족 모두가 편안하게 느낄 수 있다.

계획 수립 과정의 마지막 단계에 이르면 완성된 정원의 실제 모습과 양식을 확정한 설계도가 탄생한다. 내가 디자인한 정원은 모두 유일무이하고 각 정원의 소유자와 그들의 개별 상황에만 맞는다. 이 설계도는 적합한 재료 선택, 기술적 세부 사항, 식물의 선택과 배치, 조명 설치, 급수와 배수 계획 등으로 이어지는 모든 과정의 토대가 된다.

정원의 조화로운 분위기를 만들기 위해서는 정원의 양식에 어울리는 소재와 재료를 몇 가지로 제한해 선택해야 한다. 똑같은 설계도로 만든 정원이라도 배치된 식물이 수조와 가구, 램프 등 어떤 소도구와 어우러져 있는가에 따라서 현대적인 도시 정원이 될 수도 있고, 지중해식 정원이나 풀이 우거진 바닷가 정원이 탄생할 수도 있다. 이 부분에서는 고객들이 나를 전적으로 신뢰할 수 있을 것이다.

모든 정원 구상이 끝났으면 개별적인 건축 과정을 단계적으로 이행하는 것도 가능하다. 가령 정원을 계획할 때 아이들이 아직 어린 상태라면, 고객이 원하는 수조를 미리 설치하는 하되, 처음 몇 년 동안은 모래를 채워 아이들의 놀이터로 이용하게 할 수 있다. 아이들이 어느 정도 자라면 모래를 치우고 수조에 방수 처리를 한다. 그러면 정원을 또다시 공사장으로 만들지 않으면서도 고대하던 수영장을 갖게 된다. 몇 가지 작업과 새로운 부속 용품들만 가지고도 정원은 다시 상황에 맞게 재단된다.

아름다운 정원을 만들기 위해서 일단은 건축 공사 현장부터 마련되어야 한다. 의뢰인들 중에서 때로는 정원 건축 작업이 얼마나 심도 있게 진행되어야 하는지 잘 모르는 경우가 많다. 정원의 크기와 기술적 설비들의 규모와 실행 가능성에 따라 건축 기간은 1년이 걸릴 수도 있고 그보다 더 길어질 수도 있다. 그 기간 동안 흙이 운반되고, 도관이 놓이고, 콘크리트 기초 작업 등이 이루어진다. 이 작업이 주도면밀하고 정확하게 수행되어야 나중에 정원의 효력이 제대로 발휘될 수 있다. 불필요하게 잘라 내거나 다시 조절하는 작업은 피해야 하고, 건물과 직접적으로 연결되어 정원의 형태를 좌우하는 윤곽선 처리는 정확하게 지켜야 하며, 높이와 각도와 곡선도 일치해야 한다. 늦어도 이 단계에 이르면 나는 완벽을 기하려는 욕구를 드러낸다. 모든 것이 수월하게 진행되고 나면 나중에는 계획을 수립하고 실행하는 과정에 얼마나 세밀하고 철저한 작업이 깔려 있는지 아는 사람은 아무도 없다. 나는 바로 그렇게 되기를 바란다.

모든 작업은 나나 내 팀의 직원 중 한 명이 일주일에 두세 번 현장에서 직접 관리한다. 집을 지을 때 건축가가 하는 일과 마찬가지다. 정원 건축은 주택 건축과 비슷한 점이 많다. 때로는 다양한 수공업 분야의 기술자들이 서로 협력해야 하는데, 원예사와 조경 기술자, 전기공, 배관공, 철물공, 수조 제작자, 안전기사, 우물 뚫는 기술자, 가구 제작자, 목공, 울타리 제작자, 미장공들이다. 모든 일이 서로 조화를 이루어야 하고 최대한 짧은 기간 내에 실행되어야 한다. 그 밖에도 견적 검사와 계산서 작성, 예산 집행 관리 등 갖가지 부수 작업도 진행된다.

건축 작업의 마지막 단계에 식물들을 정원으로 들여온다. 운반된 식물들은 엄밀하게 검수를 받은 뒤 정원사의 도움 아래 매우 조심스러운 손길로 정해진 자리에 배치된다.

정원 계획을 세우는 단계에서 결정적인 역할을 하는 요소가 또 하나 있다. 바로 정원을 관리하는 문제다. 여기서는 계획 수립의 시작부터 여러 가능성을 현실적으로 평가하는 일이 매우 중요하다. 정원을 가꾸는 일이 긴장을 풀어주고 휴식을 취하게 하는 보상인가, 아니면 더 이상 수행하기 어려운 부담인가? 정원을 가꿀 때 정기적으로 전문가의 도움을 받을 계획인가? 새로운 정원을 관리하는 데 얼마나 많은 시간과 비용을 투자할 수 있나? 이런 문제들은 설계를 시작하기 전에 첫 만남에서부터 함께 논의되어야 한다.

이 논의에서는 나 자신의 정원 관리 경험이 필수적이다. 내가 정원 디자인에 사용하는 거의 모든 재료나 식물은 내 정원에서 직접 '실험한' 것들이다. 나는 여행을 다녀올 때마다 새로운 식물을 구해 왔고, 그때마다 그 식물에 적합한 자리를 찾아주어야 했다. 내 정원은 이제 25년 이상 되었고 직선적인 기본 구조임에도 불구하고 마법에 걸린 듯 매혹적인 분위기를 자아낸다. 내 정원에는 정원을 처음 만들 때부터 심은 이른바 전체적인 틀을 형성하는 식물들이 있는 반면, 시간이 지나는 동안 일시적으로 정원에 머물러 있다가 옮겨지는 식물들도 있다.

정원의 좁은 길을 따라 가면 여기저기 앉을 자리가 마련되어 있다. 이런 자리들은 멋진 야외 파티를 위한 테두리를 형성한다. 큼지막한 연못 주위로는 물이 졸졸 흐르는 개

●
위
길과 물. 비단처럼 펼쳐진 잔디밭의
선 처리가 자연스러운 곡선을 그리는
수목들과 대조를 이룬다.
영혼의 깊이를 선명하게 다룬
이 정원에서 긴장을 풀고
휴식을 취할 수 있다.

●
오른쪽
자연 그대로의 소나무와
부드러운 곡선을 그리는 회양목
물결의 강렬한 대조가 조화롭고
평화로운 분위기를 형성한다.

울과 디딤돌들이 있고, 봄이면 물속의 빗영원*Triturus cristatus*을 관찰할 수 있는 판자 다리가 놓여 있다. 빛을 반사하는 연못은 목가적인 분위기를 자아낸다. 직사각형으로 된 잔디밭과 장식적으로 다듬은 나무들이 정원의 짜임새를 형성하고 고요함과 안정감을 준다. 넓고 무성한 잎으로 여름이면 거의 원시림 같은 분위기를 자아내는 카탈파 나무, 태산목*Magnolia grandiflora*, 오래된 벚나무 한 그루와 희귀식물들은 정원 산책을 작은 탐험 여행으로 만들어준다.

정원을 가꾸는 일이 내게는 긴장을 해소시켜주는 즐거운 휴식과도 같다. 비록 저녁이면 온몸의 삭신이 쑤시고 아프지만 말이다. 정원에서 일할 때 나는 온전히 나 자신이 되어 편안함을 느끼고 최고의 아이디어들을 떠올린다. 나는 내 정원이 결코 '완성되지' 않으리라는 사실을 잘 안다. 정원은 계속해서 변하고 항상 새로운 생각이 더해질 것이다. 다행히 내 반려자도 열정적인 정원사라 우리는 머리를 맞대고 앉아 정원에서 무슨 일을 할지 의논하는 걸 무척 좋아한다.

정원은 울타리 밖에서부터 시작된다.
따라서 울타리를 조금 안쪽으로 설치해 정원 바깥쪽에도 생명력이 강한 식물이 자랄 수 있는 자리를 마련해준다. 접시꽃, 덩굴식물, 마클레아이아*Macleaya* 등은 뿌리를 내리는 데 많은 공간을 차지하지 않으면서도 정원의 모습에 완벽함을 더해준다.

너무 무성해지거나 크게 자라지 않으면서 오랫동안 잘 견디는 식물들을 심는다.
목본 식물: 포르투갈월계귀룽나무*Prunus lusitanica*, 멕시칸 오렌지라고 불리는 코이시아 테르나타*Choisya ternata*, 미크로필라 라일락 '수퍼바'*Syringa microphylla 'Superba'*, 안개나무*Cotinus coggygria*.
여러해살이 식물: 작약*Paeonia*, 크리스마스 로즈로 불리는 헬레보루스 니게르*Helleborus niger*, 다르메라 펠타타*Darmera peltata*, 제라늄*Geranium*, 아칸서스*Acanthus*.
특히 좋아하는 식물: 가는오이풀*Sanguisorba tenuifolia var. alba*, 길레니아 트리폴리아타*Gillenia trifoliata*, 레이케스테리아 포르모사*Leycesteria formosa*.

아름다울 뿐만 아니라 일상에서도 이용할 수 있는 식물을 심는다. 좋은 향기를 얻고 싶을 때나 꽃다발을 만들 때 활용할 수 있는 식물, 먹을 수 있는 열매, 부엌에서 쓰이는 향신료나 신선하고 향기로운 차로 쓰이는 식물 말이다.
향기: 로니케라 카프리폴리움*Lonicera caprifolium*, 갈리움 오도라툼*Galium odoratum*, 나비나물속*Vicia*, 시링가*Syringa*, 플록스*Phlox*.
꽃꽂이: 양치식물에 속하는 에퀴세툼 텔마테이아*Equisetum telmateia*, 수국, 레이디스 맨틀이라고 불리는 알케밀라*Alchemilla*, 장미열매, 안개나무, 포르투갈월계귀룽나무, 모과나무*Chaenomeles*.
열매: 라즈베리, 산딸기, 가시 없는 블랙베리, 엘더베리, 준베리.
향신료와 차: 한련, 오레가노*Oregano*, 로즈마리, 타임, 페퍼민트, 딜, 회향.

정원을 개조할 때 기존의 모든 것을 뽑아낼 필요는 없다. 오래된 식물들을 특별한 자리로 옮긴 뒤 싸매두면 좋다.
우리 정원에는 15년 전에 베어냈어야 할 오래된 사과나무가 커다란 덩굴장미와 함께 서 있다.
앞마당에 있는 30년 된 월계귀룽나무*Prunus laurocerasus*는 하목층에 굵은 줄기를 갖고 있는데, 항상 생울타리로 이용한다. 작은 나무로 잘라내 심으면 신선한 바람을 가져다주고, 너무 크게 자라지 않는 상록 정원수로 자란다.

정원이 경사진 곳에 있을 경우 공간을 활용한다.
평지의 일부 구역을 계단식으로 조성하여 생활에 필요한 공간과 활용하고 앉을 수 있는 자리를 만든다.
시야가 좋은 곳을 만든다. 그리하여 정원 내부로부터 특별한 시선축이 생기고 정교한 자리 배치로 공간적 깊이를 만들어낸다.

규모가 작은 정원에는 여러 공간을 만든다.
작은 정원일수록 한눈에 전체적으로 보이도록 구성하는 것보다 전경, 중경, 후경으로 구성하는 것이 좋다.

그러기 위해서 정원 안쪽으로 뻗치며 자라는 생울타리를 만든다.
여름 동안 테라스에 안정감을 주는 키 큰 식물을 심는다.
후경에는 아름다운 가을 색으로 물드는 벚나무를 심는다.

정원은 규모가 크든 작든 계절에 따라 변화하는 모습이어야 한다.
그러기 위해서 사계절 내내 푸름을 유지하는 기본 뼈대를 구성한다.
겨울에 개화하는 식물, 설강화*Galanthus*나 헬레보루스 오리엔탈리스*Helleborus orientalis*처럼 이른 봄에 개화하는 식물, 봄에 개화하는 식물, 여름에 개화하는 식물을 섞어서 심는다.
가을을 위해서는 털모과*Cydonia oblonga*나 장미열매처럼 열매가 달리는 식물과 유포르비아*Euphorbia*, 미국붉나무*Rhus typhina*, 떡갈잎수국*Hydrangea quercifolia*처럼 매력적인 단풍이 드는 식물을 심는다.
시든 풀이나 터키세이지*Phlomis russeliana*처럼 열매차례를 남기는 식물도 좋다.

전체적인 짜임새를 구성한다. 정원도 건축물처럼 뼈대가 필요하다.
담장과 울타리, 퍼걸러와 같은 구조물, 또는 동선을 통해 만들 수도 있고 식물을 다양한 장식적 형태로 다듬은 토피어리를 통해서도 가능하다.
대립되는 것을 나란히 배치한다. 가령 잘 다듬어진 생울타리와 부드러운 여러해살이 식물을 배치한다.
대조적인 것을 나란히 배치한다. 가령 밝은 것과 어두운 것, 잎이 거친 것과 섬세한 것을 배치할 수 있다.

정원은 전체적인 이미지를 가져야 한다.
이를 위해서는 반복이 중요하다. 정원 여기저기에 반복적으로 등장하는 특정 식물은 서로 비슷한 재료들과 어우러져 통일성을 이룬다.
정원 안 여기저기로 이어지는 길과 정원을 관통하는 길을 내 새로운 것을 찾아보는 즐거움을 주고, 쌀쌀한 초봄에도 정원을 산책할 수 있도록 한다.
정원 곳곳에 앉는 자리를 마련해 잠시 머무르며 쉴 수 있는 시간을 만들어준다.
색채 구상은 모든 정원 디자인과 식물 디자인의 핵심 요소다.
정원을 계획할 때는 정원이 들어설 소재지를 정확히 분석하고 경우에 따라서는 토양을 최적화하는 일이 기본적으로 이루어져야 한다.

정원 디자이너는 꿈꾸는 정원을 현실로 만든다.
특히 규모가 작은 정원이나 대지의 형태가 까다로운 경우에 큰 도움이 될 수 있다. 또한 해마다 정원 개조에 돈과 시간을 투자하는 것을 막을 수 있다.
차분하게 계획을 세워 세밀한 부분까지 철저하게 구상한 정원은 개별적인 건축 기간에 완성될 수 있다. 뿐만 아니라 해를 거듭할수록 원하는 꿈의 정원으로 계속 발전시켜나간다.

정원의 조명은 중요하다.
시점이 강조되고 테두리가 만들어져야 한다. 그러나 조명이 적을수록 좋은 경우도 있다. 은은하고 정취 있는 조명 하나만으로도 정원의 분위기가 살아난다.
그 밖에도 조명은 낮에는 보이지 않게 뒤로 물러나 있어야 한다.

정원에는 힘이 있다

빅토리아 폰 뎀 부셰 Viktoria von dem Bussche 는 정원의 아름다움을 보는 탁월한 미적 감각을 지녔고, 이러한 감각과 짝을 이룬 크나큰 열정과 넘치는 활력으로 오스나브뤼크 지방 이펜부르크 성 주변의 거대한 유휴지를 인근 지역과 먼 지역의 정원 애호가들이 즐겨 찾는 활기찬 순례지로 변신시켰다.

그녀의 인상적인 정원 경력은 작은 씨앗 봉투 몇 개로 시작되었다. 그녀는 차갑게 느껴지는 네오고딕 양식의 이펜부르크 성 주변을 꽃으로 물들이고 싶어서 정원 가꾸기에 거침없이 뛰어들었다. 정원에 대한 열정은 급속도로 커졌다. 하지만 그처럼 드넓은 땅에 그녀가 꿈꾸는 정원을 조성하기 위해서는 부지런한 손만으로는 부족했고, 더 많은 정원사의 역량이 필요했다. 그래서 영국에서 행해지고 있는 것처럼 자신의 성과 정원을 여러 행사에 개방한 다음 그 수익금으로 새 정원 계획들을 실현해 나가는 생각을 떠올렸다.

빅토리아 폰 뎀 부셰는 1998년에 독일의 새로운 행사인 제1회 이펜부르크 성 정원 페스티벌 '정원의 행복과 대지의 기쁨'을 개최했고 곧 전국적인 추세로 발전한 정원 기획 행사의 붐을 일으켰다. 이펜부르크 성 정원은 그녀의 개인 정원임에도 불구하고 매년 2~30개의 혁신적인 시범 정원이 생겨나고, 해마다 6만 명 이상이 그곳을 찾아 정원을 거닐며 새로운 영감을 받는다. 생울타리로 칸을 만들어 전체적인 형태와 구조를 부여한 작은 정원의 방에는 매번 창의적이면서도 매혹적인 시범 정원들이 새로 만들어진다. 이러한 정원들은 집에서 정원을 가꾸는 사람들에게 신선한 자극을 선사한다. 긴 시선축의 끝에 언덕처럼 조성된 거대한 나선형의 장미 정원은 단연 시선을 사로잡는 곳인 동시에 걸어 다니면서 감각적인 향을 느끼는 체험의 장이기도 하다.

네 명의 자녀를 둔 어머니이자 할머니인 빅토리아 폰 뎀 부셰는 권위 있는 전문 지식과 탁월한 조직력으로 주 정부가 주관하는 정원 전시회를 사유지에서 처음 열었다. 2010년 이펜부르크 성에서 열린 니더작센 주 바트 에센 정원 전시회는 수많은 관람객을 끌어 모았는데, 이는 빅토리아 폰 뎀 부셰가 결단력 있게 가꾼 정원이 크게 성공한 덕분이었다. 이펜부르크 성에서 추진한 그녀의 최신 프로젝트도 대대적으로 성공을 거두었다. 바로 독일에서 가장 크고, 가장 아름다운 키친 가든을 조성하는 일이었다. 이곳을 찾는 아마추어 정원사들은 자신들도 유용 식물을 가꾸어 다른 관상용 식물들과 서로의 아름다움을 놓고 마음껏 경쟁하게 하고 싶다는 유혹을 느낀다. 미슐랭 별점을 받은 한 요리사는 여기서 자라는 신선한 채소를 미식의 즐거움으로 바꾼다.

활동적이고 예술적 감각이 뛰어난 폰 뎀 부셰는 독일에서 가장 유명한 여자 정원사 중 한 명이다.

빅토리아 폰 뎀 부셰는 겨울에 무슨 일을 할까? 당연히 정원 관련 책들을 읽거나 쓰면서 보낸다. 그녀가 쓴 훌륭한 책들은 여러 차례 독일 정원 도서상을 수상했다. 최신작《나는 키친 가든을 꿈꾼다》는 유럽 여러 나라의 예술적인 키친 가든과 생산성이 좋은 채소 정원의 세계로 유혹하는 눈을 즐겁게 하는 책이다. 또한 독자들에게 땅을 직접 경작해 풍부한 수확의 기쁨을 누리고 싶다는 마음을 심어주는 책이다. 빅토리아 폰 뎀 부셰는 정원사이자 저술가로서 사람들에게 집 밖으로 나와 정원으로 가보라고 유혹한다. 거기서 자연과 정원에 대한 감각적 경험을 눈으로만 감탄하지 말고 온몸의 모든 감각으로 느끼고 즐기라고 말한다. 그녀 자신은 그런 삶을 살아가고 있고, 독자와 방문객들도 그녀의 매혹적인 정원 세계에 흠뻑 빠지게 한다. 브라보, 그녀에게 갈채를!

키친 정원은
정말로
완전한 행복이다.

낙원은 게으름뱅이의 천국이 아니고 정원은 안락한 해먹이 아니다. 정원 일은 고상하지 않고 땀을 흘리게 한다. 하지만 행복을 느끼게 하고 몸과 마음과 영혼을 만족시킨다. 정원 일은 영감이자 창의성이며, '활동하는 삶vita activa'과 '사색하는 삶vita contemplativa' 사이를 연결하는 유일한 중개자다.

우리에게는 활동하는 삶과 정신과 몽상의 세계로 물러나 사색하는 삶 둘 다 필요하다. 정원은 우리가 스스로에게 선물을 주는 곳인 동시에 육체적으로, 때로는 정신적으로도 우리의 한계에 부딪히는 곳이다. 정원은 완전한 행복이지만, 동시에 자연의 힘에 맞서는 시시포스의 싸움이다.

그 이유는 자연이 좋지 않기 때문이다. 자연이 좋다는 건 낭만주의 시대에 우리의 머릿속에 스며들어 온갖 꽃을 피운 환상이다. 자연은 우리의 계획을 가로막고 우리의 기대감을 저버리고, 질식하고, 병들고, 삼켜 버리고, 말라붙고, 범람하고, 뒤엎어 버린다. "자연은 지독한 빈사 상태에 있다." 18세기의 박물학자 게오르크 포르스터는 자연의 역사에 관해서 쓴 서문에서 이렇게 언급하며 오직 인간만이 "자연에 기품과 생동감을 불어넣을 수 있다"고 했다. 나는 게오르크 포르스터의 말이 옳다고 생각한다. 오직 인간만이 자연에 기품과 생동감을 선사할 수 있다. 그러니까 자연을 예술로 바꾸라는 요구를 받는 것인데, 이 말은 정원을 조성해 그곳을 가꾸라는 뜻이나 다름없다. 볼테르도 그의 소설 주인공 캉디드에게 이런 말을 하게 했다. "우리의 정원을 경작해야 한다."

그런 일을 통해서 정원은 '정치적인 것', 즉 공적인 관심사가 된다. 정원을 조성하고 가꾸는 사람은 아름다움과 안식과 질서를 위한 공간을 만들어 낸다. 현란한 추악함과 회색빛 파괴로 얼룩진 세상에서, 정신없는 속도와 시간을 앗아가는 하루의 리듬, 그 혼돈과 전 지구적 소용돌이 속에서 말이다. "역사가 모든 것을 파괴하고 몰락시키는 힘을 떨치는 곳에서 우리의 인간성은 차치하고 정신적 건강이라도 지키고 싶다면, 우리는 그 힘에 맞서 행동해야 한다. 우리는 치유하고 구원하는 힘을 찾아내 우리 안에서 성장하도록 해야 한다. 그것이 '우리의 정원을 경작해야 한다'라는

말이 의미하는 바다." 미국 스탠포드 대학의 로버트 포그 해리슨 교수는 그의 훌륭한 저서 《정원을 말하다》에서 그렇게 썼다. 그는 계속해서 이렇게 말했다. "우리의 정원은 결코 단순히 사적인 관심사만이 아니고, 현실에서 도피하는 것이 아니다." 우리의 정원은 세계의 한 부분이고, 우리는 그 정원을 돌보면서 기품과 생동감을 불어넣을 수 있다.

이펜부르크 정원도 도피처가 아니고 순전히 사적인 관심사의 대상도 아니다. 이펜부르크 정원은 세 번의 페스티벌 기간과 여름 몇 개월 동안 사전 신청한 단체나 일반인에게 개방되는 전시 정원이다. 미슐랭 별점을 받은 요리사 토마스 뷔너에게는 온갖 재료를 제공하는 곳이고, 나와 내 조수들에게는 실험실이자 인기 있는 사진의 대상이다. 또한 나비와 야생벌, 토끼, 민달팽이, 들쥐와 다른 작은 동물들의 낙원이기도 하다. 우습게도 나는 이 낙원에서 그들을 쫓아버리려고 끊임없이 애를 쓴다. 물론 벌과 나비는 예외지만 말이다.

그럼에도 불구하고 이펜부르크 정원은 나의 제국이고 나에 의해서 창조된 온전한 나만의 세계이며, 휴식과 명상의 장소이자 영적인 힘의 원천이다. 사람들이 빠져나간 뒤 문이 닫히고 시계탑의 시계 소리와 닭과 오리들의 소리만 들릴 때면 정원은 오롯이

나만의 것이 된다.

내 정원은 나에게 사치다. 비록 등이 결리고, 팔은 상처투성이고, 두 손은 거칠고 그을었지만 내게는 여전히 사치다. 어쩌면 바로 이런 이유로 사치인 것인지도 모른다. 육체 노동은 만족감을 주고, 갯는쟁이*Atriplex*와 별꽃아재비*Galinsoga parviflora*와 무성하게 자란 근대를 뽑아내느라 한참을 씨름하고 나서 깨끗하게 갈아 씨를 뿌린 땅을 바라볼 때 느끼는 뿌듯함은 이루 말할 수 없기 때문이다.

피카소는 "예술은 영혼에 묻은 일상의 먼지를 씻어준다"고 말했다. 하지만 모든 예술이 그렇게 하지는 못한다. 동시대 예술은 때로 우리에게 아주 많은 일상의 먼지를 더해준다. 그러나 정원은 일상의 먼지를 확실하게 씻어주는 하나의 예술 작품이고, 열정적

●
왼쪽
향이 나는 회향은
섬세한 가벼움과 싱그러운 5월의
초록빛으로 화단을
생기 있는 꽃다발로 변모시킨다.

●
위
장미는 화단 밖으로
자유롭게 뻗어나가며 놀랍도록
독자적인 삶을 살아가고,
야생의 매력으로 시선을 끈다.

이고 진정한 정원사는 항상 예술가이다.

정원사가 시각에 더 이끌리는 경우는 화가와 비슷하고, 자신의 미각을 더 따른다면 요리사와 비슷하다. 나는 요리사이기도 하고 화가이기도 하다. 나는 나의 모든 감각으로 내 정원을 사랑한다. 2010년부터는 거대한 키친 가든도 갖게 되어 더없는 행복을 느낀다. 6백 년 전부터 폰 뎀 부셰 집안의 채소를 지켜온 높은 담장으로 둘러싸인 키친 가든이다. 오랜 세월을 묵묵히 버텨온 이 담장은 이미 많은 것들을 보아왔을 것이고, 나는 담장이 들려주는 옛 이야기들을 듣고 싶었다. 과거의 배추속 식물과 허브에 대한 이야기, 프리드리히 대왕이 선전하고 보급시킨 새로운 작물이었던 감자 이야기가 궁금했고, 18세기에 프랑스 궁정에 길들여진 성주의 까다로운 입맛을 돋운 아티초크와 티젤*Dipsacus fullonum*의 이야기도 듣고 싶었다. 포도나무와 복숭아나무, 살구나무, 자두나무 이야기도 알고 싶었고, 유지하고 가꾸는 비용이 너무 비싸지면서 서서히 사라져간 온갖 화려함에 대한 이야기도 궁

금했다.

내가 35년 전 이펜부르크에 처음 왔을 때 이곳에 황량한 귀족전나무들만 서 있었다. 좋은 시절을 뒤로한 크리스마스트리 묘목들이었다. 성 주변으로는 무성하게 자란 쐐기풀과 엉겅퀴에 휘감긴 오래된 과일나무도 몇 그루 있었다. 포도덩굴로 뒤덮인 낡은 유리온실은 부서진 상태였고, 쐐기풀밭 아래로는 온상 상자들이 여기저기 튀어나와 있었다.

나는 곧바로 그 황무지를 일구기 시작했다. 귀족전나무들을 뽑아낸 뒤 여러 가지 풀씨를 뿌렸고 오래된 과일나무 아래 양들을 방목했다. 남쪽 담장 구석의 작은 평지에는 키친 가든을 만들어 갖가지 채소와 샐러드용 야채, 식용 허브를 심었고 아이들이 따먹을 수 있는 과일나무들도 심었다. 온실은 고쳐서 수천 종의 여러해살이 식물을 재배하는 데 이용했다. 성 주변으로 펼쳐진 6만 제곱미터에 이르는 거대한 대지 앞에서 느낀 '공간

공포'를 그 식물들을 심어나가며 맞서 싸웠다.

나는 영국의 코티지 가든 풍의 낭만적이고 목가적인 정원을 만들고 싶었고, 네오고딕 양식의 커다란 회색 건물에 마법을 부리고 싶었다. 그것이 내 목표였고, 그 목표를 이루기 위해서 부지런히 일했다. 처음 몇 년 동안의 성과는 보잘것없었다. 땅이 너무 넓은 데다가 실수도 많았다. 모든 것이 더디게 자랐고, 어울리지 않는 것들이 많아서 끊임없이 다시 고치고 다시 심어야 했다.

그러다가 모든 것이 서서히 조화를 이루며 함께 자라기 시작했고, 2000년에는 성 주변을 에워싸는 도랑으로까지 과감하게 시선을 돌려 베를린 출신의 조경가 코르넬리아 뮐러와 함께 시범 정원 시설을 지었다. 그것이 지금의 이펜부르크 성 정원을 탄생시킨 신호탄이 되었다. 키 큰 유럽서어나무*Carpinus betulus* 생울타리로 둘러싼 시범 정원 부지가 4헥타르에 이르렀고, 성 주변을 에워싼 도랑 안쪽으로는 2헥타르 규모의 성 정원이 조성되었으며, 1헥타르 대지에는 담장으로 둘러싼 과수원과 위대한 키친 가든의 시대였던 18세기와 19세기 초의 매혹적인 키친 가든이 만들어졌다.

2010년에 바트 에센과 이펜부르크에서 니더작센 주 정원 전시회가 열리게 되었다. 그 전시회를 지속적으로 개최하기 위해서는

●
위
빅토리아 폰 뎀 부셰는
언제나 넘치는 활기로
훌륭한 원예술을 선보인다.

●
오른쪽
꽃들과 혼연일체가 되어
그림처럼 아름다운 채소를
바라보는 것만으로도 수확의
풍요로움을 느낄 수 있다.

1

아직 어린 유럽너도밤나무
생울타리가 벌써부터 검붉은
잎으로 주변에 색채의
안정감을 준다.

2

화단 안쪽과 식물들 사이에
높이가 서로 달라서
생동감 넘치는 예술 작품을
탄생시킨다.

3
생울타리와 담장은 차갑고
거센 바람을 막아주고, 바람직한
미기후(micro climate: 특정
좁은 지역의 기후 - 옮긴이)
형성을 촉진한다.

4
채소와 꽃들의 경쾌한
공존은 식물 공동체를
위해서도 좋고, 정원사의
마음도 기쁘게 한다.

이펜부르크에 뭔가 더 특별하고 새로운 것이 필요했다. 내게는 오랫동안 품어온 키친 가든의 꿈을 실현할 절호의 기회였다. 하노버 출신의 건축가 페터 카를이 18세기 초에 그려진 이펜부르크 정원의 오래된 설계도를 토대로 새 키친 가든을 설계했다. 기하학적으로 배치된 화단과 수조, 자줏빛 잎을 가진 유럽너도밤나무 생울타리로 이루어진 정원이었다.

적지 않은 사람들이 정원의 어마어마한 크기 때문에 지레 겁을 먹을지도 모른다. 나 역시 어느 정도는 깜짝 놀랐다. 2011년부터는 정원을 돌보는 전문 인력과 직업적인 채소 재배자들, 그 밖에 다른 전문가들의 도움 없이 나와 함께 일하는 소규모 인원만으로 모든 일을 헤쳐 나가야 했기 때문이다. 이들도 나처럼 꽃 정원과 장미에 대해서는 어느 정도 경험이 쌓인 상태였지만 채소를 심고 가꾸는 일에서는 '완전한 초보자들'이었다. 나는 한동안 정원 부지의 일부를 잔디밭으로 바꾼 뒤 페스티벌이 열리는 동안 전시하는 사람들에게 그곳을 내주는 편이 낫지 않을까 고민했다. 하지만 이곳을 찾는 사람들에게 본인이 먹을 채소를 직접 경작하는 일이 얼마나 즐거운지 보여주고 싶었다. 더 나아가 아름다운 것과 유익한 것을 조화롭게 일치시키라는 헤르만 폰 퓌클러 무스카우 백작의 요구가 옳다는 걸 증명하고 싶었다.

그사이 땅을 더 넓히고 딸기와 블랙커런트와 레드커런트, 그리고 다른 열매들을 다른 곳으로 옮겨 심었다. 열다섯 종의 감자, 완두콩, 주키니, 호박이나 납작한 모양의 패티팬 호박, 아티초크, 파란색과 노란색과 분홍색 꽃이 피는 강낭콩을 심을 자리를 마련하기 위해서였다. 나의 영국 정원에 대한 애정에서 이름 붙여진 '빅토리안 커팅 정원'이라는 절화용 정원만 해도 상당히 넓은 땅이 필요했다. 또한 길게 늘어선 꽃들 사이사이로 메리골드, 금잔화, 한련, 박하가 자랐기 때문에 이 꽃들을 위한 자리도 당연히 필요했다. 거기에다 강렬한 색으로 피어나는 달리아, 눈부시게 화려한 색이 어우러진 글라디올러스, 비름, 회향, 그 모든 것 위에서 머리를 흔들거리는 버

들마편초 *Verbena bonariensis* 도 있었다.

키친 가든은 정말 완전한 행복이다. 나를 행복하게 하고, 내 가족과 정원에서 나를 도와주는 조수들을 행복하게 하며, 요리사 토마스 뷔너와 수확을 하러 오는 오스나브뤼크 라 비 *La Vie* 레스토랑의 온 주방 식구들을 기쁘게 하고, 여름과 가을에 이펜부르크를 찾는 방문객들을 즐겁게 한다.

내 눈앞에는 언제나 새로운 정원이 탄생한다. 대부분은 장미 정원이다. 장미는 내 정원 생활의 처음부터 가장 큰 도전 과제였다. 장미는 내 정원의 변주곡의 주제이고 스파링 파트너이자 기쁨의 대상이다. 장미와 인간 사이에는 긴장감이 존재하고, 나는 정원을 가꾸면서 그 비밀에 다가가고 싶다.

나는 생각할 수 있는 모든 조합으로 장미를 심었고, 개인적으로는 영국인들이

'황야'라고 부르는 야생과 조합했을 때가 가장 만족스러웠다. 나는 고귀한 장미가 야생적이고 무질서한 환경 속에서 피어나는 모습이 좋다. 내가 배추속 채소와 고수 사이에 조성하기로 계획한 최신 정원은 '로자리움 2000+'다. 런던 출신의 '미니멀리즘의 대가' 크리스토퍼 브래들리 홀이 디자인한 21세기 양식의 장미 정원이다.

영국의 철학자 버트런드 러셀은 언젠가 이렇게 말했다. "지적인 친구와 이야기를 나누다 보면 완전한 행복은 도저히 이룰 수 없는 꿈같은 소망이라는 확신이 굳어진다. 반면에 내 정원사와 이야기를 나누면 그렇지 않다는 확신이 든다." 완전한 행복은 꿈같은 소망이 아니다. 그것은 정원에 있다. 완전한 행복은 창조적 힘, 우리를 행복하게 만들어주는 창의적 능력이다. 이러한 확신을 최대한 많은 사람의 머리와 가슴으로 전달하는 것이 내 열정적인 정원 가꾸기의 목표이고 희망이다.

가장 좋아하는 식물은 무엇인가요?
제가 정말 좋아하는 식물은 백일홍, 스위트피 *Lathyrus odoratus*, 아티초크, 원추리 *Hemerocallis fulva*, 아이리스, 양귀비, 대상화 '오노린 조베르' *Anemone hupehensis* var. *japonica* 'Honorine Jobert' 들입니다. 물론 이 외에도 아주 많습니다.

당신이 모든 화단에 애용하는 식물 조합은 어떤 것입니까?
중요한 건 기본 구조를 이루는 튼튼하면서도 섬세한 식물들의 균형감이에요. 장조와 단조, 음과 양의 조화죠.

사시사철 매력적인 정원을 갖고 싶다면 어떤 식물을 심는 게 좋을까요?
기하학적 형태로 자른 회양목이나 둥글거나 정방형, 또는 직육면체나 원뿔형으로 가꾼 서양주목 *Taxus baccata*을 리드미컬하게 배합하면, 야생의 여러해살이 식물과 한해살이 식물에 여름에는 고요함과 맑음을, 겨울에는 새로운 변화와 짜임새를 선사합니다.

당신이 가꾸고 싶은 꿈의 화단은 어떤 모습인가요?
풀과 장미와 강렬한 색을 띤 여러해살이 식물들이 무성하게 자라고, 그 사이에는 아티초크, 참당귀 *Angelica gigas*, 루드베키아 옥시덴탈리스 '그린 위저드' *Rudbeckia occidentalis* 'Green Wizard' 등이 피어 있는 화단입니다.

초보자든 어느 정도 경력이 있거나 전문적인 정원사든 모든 정원사에게 없어서는 안 될 도구는 무엇인가요?
가위, 괭이, 갈퀴죠.

정원에서 항상 지니는 도구가 있습니까?
가위와 칼입니다.

오랫동안 정원 일을 하면서 어떤 경험을 쌓았나요?
인내, 용기, 끈기, 근면, 직관, 창의성, 배움의 자세가 커졌고, 상당한 무질서를 극복하는 법을 배웠습니다. 이러한 과정을 통해 정원사로서의 자질을 가꾸며, 해마다 발전하고자 했습니다.

갑작스러운 상황 악화를 겪은 적이 있었나요? 그렇다면 거기서 배운 점은 무엇인가요?
저는 무슨 일을 할 때 최소한 세 번은 시도해요. 그래도 안 되면 그만두어야 한다고 생각해요. 그래서 지나치게 복잡한 일은 애초에 시작도 하지 않습니다.

정원과 정원 가꾸기는 당신에게 어떤 의미입니까?
저 자신의 일부가 되었습니다. 아주 크고 본질적인 부분이죠.

당신이 개인적으로 꿈꾸는 정원은 어떤 모습인가요?
언제나 다른 모습이어야 해요!

꼭 한번 방문해볼 만한 정원을 꼽는다면 어디일까요?
하나만 고르는 건 불가능해요. 그래도 하나를 꼽자면 영국 노디엄에 있는 그레이트 딕스터 정원을 추천하고 싶어요. 모두를 위해 있는 정원이죠. 세상에는 가볼 만한 정원이 너무 많아서 하나로 한정하는 건 어려운 것 같네요.

세계의 여러 정원들 중에 당신이 가장 좋아하는 정원은 어디인가요?
개인적으로는 로마 근교에 있는 닌파 정원을 꼭 보고 싶어요.

스위스 최고의 정원사

자비네 레버Sabine Reber는 1970년 베른에서 태어나 지금은 어린 딸 잔느 로즈와 살고 있는 빌에서 성장했으며, 열여섯 살 때 처음으로 신문 기사를 썼다. 이후 편집자와 통신원, 작가로 다방면에서 왕성하게 활동했다. 1996년에 사랑하는 사람을 따라 아일랜드로 이주했고, 그곳의 굉장히 커다란 정원에서 많은 시간을 보내면서 정원을 가꾸는 재능도 빠르게 성장했다. 자연에 대한 사랑이 워낙 남다른 데다 낙원과도 같은 정원 풍토, 녹색의 섬에서 만난 열정적인 정원사들과의 교류를 생각하면 그리 놀라운 일도 아니다. 그녀는 "정원을 사랑하는 사람은 정원을 활짝 피어나게 한다"는 모토에 따라 거리낌 없이 정원을 가꾸는 일에 달려들었다.

자비네 레버는 다양한 씨앗 봉투로 수확할 수 있는 것들을 마음껏 실험했다. 저녁에는 영국의 정원 책들을 탐독했고 주말에는 도니골 가든 협회에서 친분을 쌓거나 수많은 정원을 방문했다. 열광적인 정원 예찬자인 그녀는 정원 초보자들에게 좋은 정원 애호가들을 찾아 교류하라고 조언한다. 그런 사람들은 정원을 가꾸는 노하우와 자신들이 가장 좋아하는 식물의 가지나 씨를 기꺼이 건네준다는 것이다. 그녀의 신조는 "직접 하면서 배워라"이고, 처음에는 단순한 식물부터 시작하라고 말한다. 가령 한해살이 여름 꽃씨를 뿌리거나 샐러드용 채소와 허브를 심어보라고 권한다. 그러면 초보자로서 겪는 손실이 그렇게 크지 않다고 한다. 하지만 때로는 엄청 까다로운 식물도 그냥 심어야 한다고 말한다. 오만이 장점으로 작용할 때도 있기 때문이다. 자비네 레버는 자신의 친구이자 아일랜드 원예술의 활달한 여왕인 헬렌 딜론의 "창의성은 그냥 놀이하듯 즐길 때 발휘된다"는 말을 항상 가슴에 새기고 있다. 그 결과 자비네 레버는 아일랜드 북단 도니골에 있는 그녀의 거대한 정원으로 '아일랜드 전국 정원 대회'에서 상까지 받았다. 그녀는 아일랜드 시절의 경험을 토대로 소설과 시 이외에도 형식에 구애받지 않고 정

원 관련 책들을 집필했다. 그중에서 《화단의 환상적인 짝꿍》과 《드디어 정원을 가꾼다!》는 최근에 나온 소설 《매와 행복》처럼 베스트셀러가 되었다.

자비네 레버는 2004년에 스위스로 돌아왔고, 정원을 가꾸는 데 아주 많은 시간도 공간도 필요하지 않다는 사실을 깨달았다. 그러나 모든 사람에게는 정원이 필요하고, 그 모든 아름다운 것을 정원이 딸린 집을 소유한 사람만 누리게 해서는 안 된다고 생각했다. 그래서 '정원 선언문'을 발표해 오늘날 유행하는 '게릴라 가드닝Guerrilla Gardening'을 그런 명칭이 생기기도 전에 요구했다. 그녀는 비어 있는 공유지에 정원을 가꾸라고 선전한다. 자급자족하는 사람들이 노는 땅을 '도시 농업Urban Farming'에 이용할 수 있다는 것이다. 그녀는 '이동 정원'을 발전시켰다. 컨테이너나 나무 상자에 심은 유용 식물과 관상 식물은 이사할 때 자동차에 실어서 옮길 수 있고, 테라스나 베란다가 될 수 있는 작은 공간에 다시 풀어 놓으면 순식간에 새로운 정원이 탄생한다. "내가 있는 곳이 내 정원이에요." 요즘 그녀의 정원은 기차들이 빠르게 질주하는 기찻길과 독특하게 생긴 집 사이에 꾸민 아주 작은 정원이다. 자비네 레버는 이곳에서 그녀처럼 정원에 열광하는 어린 딸과 자급자족하며 살아가고 있다. 두 사람은 최근에 귀여운 가금도 무척 좋아하게 되었다. 자비네 레버는 그녀의 이례적인 정원 유목민 생활과 어울리는 제목이 붙은 《행복을 주는 나의 정원: 사랑의 고백》이라는 책을 최근에 출간했다. 그녀가 삶의 기쁨을 발견하고 그녀를 행복하게 만드는 정원에 대한 지극히 개인적인 이야기를 담은 책이다.

프리랜서 작가이자 정원 저널리스트인 자비네 레버는 진정한 의미에서 사랑의 정원사다.

내가 있는 곳이 나의 정원

사람들은 대개 아이가 생기면 모든 것이 조금 더 확고해지고 안정적으로 변한다고 생각한다. 하지만 막상 아이가 태어나고 나면 모든 일이 달라지기도 한다. 나는 아이를 데리고 이 정원에서 다른 정원으로 옮겨 다니며 산다.

나는 지금 빌의 한 노동자 구역에서 작은 정원을 가꾸고 있다. 빌 호숫가 트반에도 경작 허가를 받은 아주 작은 임대 정원을 갖고 있다. 이 정원은 선로 바로 옆에 있지만, 굉음을 내며 지나가는 화물열차 소리에는 이미 익숙해졌다. 정원이 완벽할 필요는 없다. 기찻길이 없었더라도 어차피 돈을 가진 다른 누군가가 여기에 다른 정원을 가꾸었을 것이다. 나는 근근이 먹고 살아간다. 진심을 다해 찾으면 작은 정원을 가꿀만한 땅뙈기는 항상 발견할 수 있다. 심지어는 정원이 우리를 발견한다고까지 말하고 싶다. 또 돈이 없어도 정원을 만들 수 있다. 여기저기서 찾은 물건과 씨앗 봉투 몇 개만 있으면 뒷마당이나 작은 테라스를 기분 좋은 오아시스로 바꿀 수 있다. 때로는 주어진 공간이 너무 크지 않은 게 장점일 수도 있는데, 특히 초보자들에게 그렇다. 정원이 클수록 더 많은 식물을 구입해야 하고 그 식물들을 가꾸는 데도 더 많은 시간을 들여야 하기 때문이다. 그래서 작은 정원이 때로는 더 큰 자유와 더 많은 여가 시간을 주기도 한다. 어차피 아이들에게는 공간이 훨씬 더 크게 느껴지고, 베란다에 예쁘게 꾸민 플레이하우스 하나만 가져다 놓아도 환상적인 놀이터가 될 수 있다. 무엇보다도 모든 것이 한눈에 들어오는 규모를 유지하면 더 쉽게 옮길 수가 있다.

딸과 함께 보낸 5년 동안 나는 벌써 두 번이나 정원을 옮겼다. 정신없이 혼란스러울 뿐만 아니라 힘들고 벅찬 일이기도 했다. 그러나 전체적으로는 감당할 만했다.

지난 몇 년 동안 내 정원은 상당히 많이 달라졌다. 언제부터인가 영국 장미를 가꾸는 일은 수포로 돌아갔다. 나는 아름다운 나무는 그 나무가 오래도록 자랄 수 있도록 차라리 다른 사람들의 정원에 심는다. 반면에 몇 가지 대형 식물과 작은 과일 나무들은 화분에 키운다. 나는 무엇보다도 여러 가지 채소, 허브, 한해살이 꽃을 선호한다. 가을에는 내 작은 정원 두 곳의 심장부와도 같은 작은 나무 상자, 즉 나의 보물함에 집중한다. 나는 여기에 가장 좋은 식물들, 천사 콩(하얀 알맹이에 짙은 자주색 날개 무늬 때문에 붙여진 이름 - 옮긴이), 러시아 오이, 하얀색 꽃이 피는 보리지*Borago officinalis*나 스위스의 뢰첸탈*Lötschental* 지역에서 나는 드물게 검은 빛을 띤 누에콩의 씨앗을 가꾼다. 좋은 씨앗이 가득한 상자 하나를 들고 이사하는 것보다 좋은 일은 없고, 더 이상 필요한 것도 없다. 씨앗들과 작은 삽 하나면 충분하다. 거기다 약간의 시간과 인내심만 있으면 된다. 무엇보다 좋은 점은 질병이나 벌레를 새로운 곳으로 끌고 가는 일이 없다는 것이다. 한해살이 식물 정원은 혹독한 겨울이 와도 걱정할 필요가 없다는 장점도 있다. 더 나아가 이런 식의 정원 가꾸기에는 비용이 많이 들지 않는다.

이동 정원

나는 내 채소들을 한 곳에서 다른 곳으로 쉽게 가져갈 수 있다. 트반은 날씨가 조금 더 따뜻하지만 어떤 식물들에게는 그곳의 여름이 너무 뜨겁다. 나는 그 식물들을 다른 정원으로 옮긴 뒤 반쯤 그늘진 곳에 가져다 놓을 수 있다. 그러면서 나는 대부분의 식물을 아주 간단하게 포장해 가져갈 수 있는 노하우가 생겼다. 샐러드용 채소는 낡은 포도주 상자나 과일바구니에서 키운다. 토마토는 이따금 빈 비료 포대에다 바로 심기도 한다. 감자는 폐타이어와 쓰레기통에다 키운다. 모든 종류의 못 쓰게 된 용기에 식물을 키울 수 있다. 단 바닥에 물 빠지는 구멍을 뚫어 놓아야 한다. 뭔가 잘못되어 잘 자라지 않는다고 해도 그렇게 나쁜 일은 아니다. 그럴 때는 다른 새로운 것을 심으면 된다. 정원을 아이들과 공유할 때 간혹 그런 일이 일어난다. 나는 딸과 딸의 친구들에게 정원 일을 함께 도울 수 있게 했고, 무엇이든 원하는 대로 심어보고 수확하는 것도 허락했다. 물론 여러 위험에 대해서는 미리 알려주었다. 독이 있

는 식물을 조심하게 했고 날카로운 도구를 조심스럽게 다루는 방법도 일러주었다. 나는 뭔가를 하지 못하게 하는 건 좋아하지 않는다. 어떤 식물이 아이들의 호기심과 탐구열을 견뎌내지 못했다면 그냥 다른 식물로 대체되도록 둔다.

내가 이전에 갖고 있던 이상에 비춰볼 때 지금은 아주 많은 일들이 실패로 돌아갔다. 가령 화려한 꽃이 피는 영국 대형 백합의 정식 이름이 무엇이었는지 더 이상 기억이 나지 않는다. 나는 딸아이에게 그 꽃의 이름표가 어디로 갔는지 물었다. 딸아이는 자기 인형들이 그 이름표를 가지고 놀아서 자기도 잘 모른다고 대답했다. 가을이면 딸아이는 양귀비의 삭과(여러 개의 씨방으로 된 열매로 익으면 겉껍질이 말라 쪼개지면서 안에 있던 다량의 씨가 나온다 - 옮긴이)를 뜯어

●
왼쪽
딸 잔느 로즈는 장래의 유능한
정원사로서 벌써부터 씨를 뿌리고
수확하는 일을 아주 좋아한다.
로즈는 다채롭고 재미난 모양으로
열매가 달리는 방울토마토를
가꾸는 걸 좋아한다.

●
오른쪽
수국은 깊은 겨울까지
정원에 기쁨을 선사한다.
마른 상태의 꽃다발이나
큼지막한 화환으로
따뜻했던 여름날의 이야기를 들려준다.

내서는 그것이 마치 작은 양념통이라도 되는 것처럼 들고 다니며 사방에 양귀비 씨를 퍼뜨린다. 나는 원래 진한 자주색 꽃이 핀 것만 남기고 나머지는 씨를 퍼뜨리기 전에 뽑아버릴 계획이었는데 말이다. 그러나 다채로운 양귀비를 가꾸는 일은 나중으로 미루기로 하고 지금은 그냥 싹이 트는 대로 자라게 놔두기로 했다.

뭔가 계획대로 되지 않았다고 화를 내고 흥분하는 건 아무런 의미가 없다. 어린 아이들과 함께하는 한, 고전적인 의미에서 완벽한 정원은 결코 완성될 수 없다. 또 그럴 필요도 없다. 생각을 바꿔 모든 일이 기대했던 것과 전혀 다른 결과가 나오는 것을 그대로 받아들이면 된다. 때로는 아이 덕분에 뜻하지 않은 결과가 나오는 것이 즐거워서 딸아이에게 씨앗 봉투 몇 개를 주고는 딸아이가 그것으로 무엇을 하는지 지켜본다. 양상추들 속에 핀 붉은 아마 *Linum grandiflorum* 면 어떻고, 배추들 속에 핀 백일홍이나 라즈베리 아래 핀 니겔라 *Nigella damascena* 면 또 어떤가. 나 역시 그렇게 즉흥적이고 변화무쌍한 정원을 가꾸는 일이

즐거워졌다. 항상 뜻밖의 일이 생기고, 새로운 아이디어를 곧바로 시도해볼 수 있으니 말이다. 이제는 까다롭지 않게 자라고 비용이 많이 들지 않는 모든 식물을 환영한다.

딸아이와 아이의 친구들은 라즈베리에 이어서 오랫동안 계속 열매가 열리는 마라 드 브아*Mara des Bois* 딸기를 무척 좋아한다. 라즈베리는 특히 아이들이 가꾸기가 쉽고 축구공 같은 것이 날아와 부딪혀도 잘 견딘다. 나는 무더운 날 물을 주는 것 이외에는 라즈베리에 특별히 신경을 쓰지 않는다. 물만 충분히 주면 라즈베리는 알이 굵고 즙이 풍부한 열매를 맺는다. 모든 베리류들이 그렇고, 다른 과일과 채소도 마찬가지다.

물론 아이들은 둥글거나 작은 전구 모양의 빨강, 노랑, 검정, 주황색 열매가 열리는 모든 품종의 방울토마토도 좋아한다. 어떤 품종을 선택하느냐는 상관없다. 중요한 건 재밌는 모양으로 달콤한 열매가 열린다는 사실이다. 아이들에게는 베란다에 심은 토마토가 토스카나 지방에서 손으로 빚은 화분에서 자라는지 낡은 페인트 통이나 비닐 포대에서 자라는지도 상관없다.

화분 정원

물론 내 작은 정원 두 곳에도 예외는 있다. 그저 바라보기만 해야 하는 귀중한 식물이 몇 가지 있고, 딸아이는 그것을 건드리면 안 된다는 사실을 정확히 안다. 낡은 기름통에 심은 '천사의 나팔' 브루그만시아*Brugmansia*, 아프리카 아가판서스*Agapanthus africanus*, 꽃이 피면 가운데로 가져왔다가 그 뒤에는 다시 뒤쪽으로 옮겨놓는 대형 백합이다. 튤립 화분들은 작은 정원에 유용하다. 나는 큼지막한 앵무새 튤립이나 내가 시험해보고 싶은 새로운 품종을 키우는 자루 몇 개를 갖고 있다. 꽃이 예쁘게 피어 있는 동안에 이 튤립들을 맨 앞쪽에 두었다가 다른 꽃들이 아름답게 피면 자리를 옮겨준다. 정원이나 베란다가 작을수록 그만큼 더 풍부한 착상으로 유연하게 관리

해야 하고, 달이 바뀔 때마다 그 달의 하이라이트인 식물이 제대로 빛날 수 있도록 자리를 잘 배치해야 한다. 식물을 용기에 넣어 키우면 자리를 바꾸기가 쉽다. 혹시라도 너무 무거운 화분이 있다면 도움을 구하자. 힘센 남자들을 두었다 어디다 쓴단 말인가?

많은 식물들에게도 화분에서 살아가는 것이 그렇게 나쁜 일은 아니다. 모든 식물들이 화분에서 각각의 필요에 맞는 물질적 토대를 정확하게 얻게 되고, 알맞은 양의 물과 비료를 얻기 때문이다. 너무 뜨거운 날에는 민감한 식물을 잠시 그늘진 곳으로 옮겨놓을 수도 있다. 그러나 무엇보다 좋은 건 이사할 때 식물을 가져갈 수 있다는 점이다. 이와 관련해서는 펠라르고니움*Pelargonium*도 실용적이다. 펠라르고니움은 여름 내내 무성하게 꽃이 피고 가을에 다른 곳으로 옮겨놓을 때도 자리를 많이 차지하지 않는다. 운반할 때도 아무런 문제가 되지 않는다. 나는 여러 품종의 펠라르고니움을 수집하는데, 혼란스러운 생활 속에서도 오랫동안 갖고 있는 내 유별난 기호다. 딸아이도 그사이 애플블러섬 로즈버드*Appleblossom Rosebud*는 주름진 모양의 연분홍색 꽃이 아무리 유혹적으로 보여도 절대 따면 안 된다는 사실을 잘 알게 됐다. 강렬한 붉은색 꽃이 피는 붉은숫잔대*Lobelia cardinalis*는 1950년대 스위스에서 재배된 품종으로, 마찬가지로 손대면 안 되는 꽃이다. 잎과 줄기에서 향이 나는 펠라르고니움 중에서 또다시 희귀종을 하나 찾았는데 이것도 향기만 맡을 수 있고, 잎에서 박하 향이 나는 펠라르고니움 토멘토숨*Pelargonium tomentosum*도 가볍게 어루만지는 정도는 괜찮다. 희귀한 품종의 꺾꽂이는 내손으로 직접 한다. 나는 평범한 펠라르고니움도 상당히 많이 갖고 있는데, 딸아이는 이 꽃들을 번식시키는 일에는 별 관심이 없고 지루하게 생각한다.

그런 딸아이도 성스럽게 여기는 식물들

이 있다. 지금은 딸아이가 직접 씨를 뿌려 키운 '킹 헨리' 품종의 아주 큰 해바라기가 그렇다. 딸아이는 물과 비료를 주며 열심히 가꾸었고, 실제로 딸이 키운 해바라기는 다른 친구들이 키운 것보다 50센티미터는 더 크게 자랐다. 그래서 사람들을 만날 때마다 열심히 그 이야기를 했고, 누군가 자신의 해바라기에 대해 농담을 하면 몹시 화를 냈다. 박새들만이 그 해바라기를 먹을 수 있다. 그래도 충분한 씨앗이 남아서 내년에도 그것으로 싹을 몇 개 틔워 분갈이를 할 수 있을 것이다.

부서지는 파도 속 바위처럼

나는 오래전부터 임시적인 생활에 맞춰 살아왔지만, 그 때문에 정원을 포기하는 일은 절대 없을 것이다. 겨우 한 철 머물다 떠난다고 해도 나는 항상 씨를 뿌리고 식물을 심을 것

●
위
직접 키운 무화과나무는
내 정원의 진짜 주인공이며
앉는 자리에 그늘을 만들어준다.
기차가 지나간 뒤
다음 기차가 지날 때까지
찾아오는 고요가 이곳에서
더 강렬하게 느껴진다.

●
오른쪽
함석으로 된 쓰레기통이든
녹슨 드럼통이든 바닥에
구멍을 뚫어 좋은 흙을 채우면
고결한 나리꽃도 우아한 자태로
잘 자란다.

이다. 그러다보면 큰 나무를 키우지는 못할 것이다. 나무 그늘에 앉거나 나무줄기를 끌어안고 나무 꼭대기를 올려다보는 것보다 마음을 편안하게 하는 일이 또 있을까? 나무는 무엇보다 불안한 시기에 우리에게 기댈 곳과 신뢰를 준다. 내가 8년 전 꺾꽂이로 트반에 심은 무화과나무는 지금 있는 곳에 항상 있게 될 몇 안 되는 식물 중 하나다. 그사이 무화과나무는 우리가 그 그늘에 앉을 수 있을 만큼 크게 자랐다. 게다가 정말 달콤한 열매도 많이 열린다. 뒤쪽에는 온기를 저장해주는 콘크리트 벽이 있고, 바닥 층에는 물과 온기를 저장하는 다공질의 현무암과 부석을 설치하여, 나무는 2012년 겨울의 혹독한 날씨에도 별다른 피해 없이 살아남았다. 그 옆에서 자라는 작은 복숭아나무도 마찬가지였다. 이 두 나무가 내 정원의 원래 주인공들이다. 두 나무가 살아남은 게 내게는 여전히 기적처럼 느껴진다. 이따금 맛보는 이런 기적이 없다면 우리가 정원을 가꾸는 의미도 퇴색하지 않을까!

1

회향 줄기는 맛이 좋아서
채소로 인기가 좋고,
싱그러운 초록색으로 꽃다발을
만들 때도 아주 좋다.

2

건축자재 시장에서 구입한 흰색
나무판에 못을 박아 사각형으로
만들면 실용적이면서 이동시킬
수 있는 화단이 된다.

3
각종 채소, 허브와
토마토의 경쾌한 조화는
보기 좋을 뿐만 아니라
유기농 수확물도 풍성하다.

4
금잔화는 다른 한해살이
식물들처럼 여름 내내
황홀감을 주다가 스스로 씨가
퍼지지 못하게 하는
재미난 변덕쟁이다.

가장 좋아하는 식물은 무엇인가요?

히말라야에서 자라는 파란색 양귀비 메코놉시스 그란디스*Meconopsis grandis*, 표범나리*Lilium pardalinum*, 다마스크장미*Rosa damascena*, '로사 문디*Rosa mundi*'라고 불리는 장미 로사 갈리카*Rosa gallica*를 좋아해요. 사과나무와 무화과나무, 등나무*Wisteria*를 좋아하고, 붉은 근대와 파슬리, 누에콩도 아주 좋아합니다.

당신이 모든 화단에 애용하는 식물 조합은 어떤 것입니까?

모든 화단에 맞지는 않겠지만 모든 정원에 어울린다고 생각하는 조합은 있어요. 영국 장미 '콘스탄스 스프라이*Constance Spry*'에 클레마티스 비티켈라 '에투알 바이올렛'*Clematis viticella 'Etoile Violette'*을 더하면 근사하죠.

사시사철 매력적인 정원을 갖고 싶다면 어떤 식물을 심는 게 좋을까요?

알케밀라, 네페타, 샐비어를 키우고 제라늄과 비비추는 다량으로 있으면 좋아요. 겨울에는 눈이 쌓인 채로 그대로 두고요.

당신이 가꾸고 싶은 꿈의 화단은 어떤 모습인가요?

채소와 꽃이 다채롭게 섞여서 자라는 화단이에요. 근대, 비트, 노란색 주키니호박, 각종 샐러드용 채소에 달리아와 루드베키아*Rudbeckia*, 한련이 피어 있죠. 그 뒤쪽에는 '킹 헨리' 해바라기가 서 있고, 적화강낭콩*Phaseolus coccineus*이 그 해바라기 줄기를 타고 올라가며 자라는 화단이면 좋겠어요.

초보자든 어느 정도 경력이 있거나 전문적인 정원사든 모든 정원사에게 없어서는 안 될 도구는 무엇인가요?

좋은 원예 가위죠.

정원에서 항상 지니는 도구가 있습니까?

작은 삽과 건축자재 시장에서 구입한 검정색 플라스틱 통이에요.

갑작스러운 상황 악화를 겪은 적이 있었나요? 그렇다면 거기서 배운 점은 무엇인가요?

6월에 우박이 쏟아져 화단이 완전히 망가진 적이 있었어요. 그런데 한해살이와 여러해살이 식물들이 얼마나 빨리 회복하고, 얼마나 강한 힘으로 다시 자라나는지 정말 깜짝 놀랐어요.

정원과 정원 가꾸기는 당신에게 어떤 의미입니까?

정원이 곧 제 삶이죠.

당신이 개인적으로 꿈꾸는 정원은 어떤 모습인가요?

스코틀랜드 서쪽 해안가에 있는 희귀한 진달래속*Rhododendron* 꽃들과 동백나무, 나무고사리목*Cyatheales*들로 울창한 숲이에요. 작은 개천이 흐르고 천남성*Arisaema*과 양치식물들, 칸델라브라 앵초*Candelabra primula*와 파란색 양귀비*Meconopsis grandis*가 흐드러지게 피어 있죠.

정원에 완벽한 자리를 만들려면 어떻게 하는 것이 좋을까요?

여러 사람이 테이블에 둘러앉을 수 있도록 넓은 공간에 만드는 게 좋아요.

꼭 참석해야 한다고 생각하는 정원 페스티벌이나 행사가 있나요?

영국에서 열리는 꽃 박람회 '첼시 플라워 쇼'와 프랑스 쇼몽에서 열리는 국제 정원 페스티벌이요.

꼭 한번 방문해볼 만한 정원을 꼽는다면 어디일까요?

더블린에 있는 헬렌 딜런 정원이에요. 탁월한 조합으로 가꾼 매혹적인 식물들이 아주 많은 곳인데, 그 모든 것이 그렇게 작은 공간에 있다는 게 믿을 수 없죠.

세계의 여러 정원들 중에 당신이 가장 좋아하는 정원은 어디인가요?

스코틀랜드 아두에인 정원은 제가 개인적으로 꿈꾸는 정원이에요.
다음은 프랑스 빌랑드리 성과 정원인데, 거기에는 세상에서 가장 아름다운 채소 정원이 있어요.
파리 불로뉴 숲에 있는 바가텔 공원은 공작과 장미 때문에 좋아해요.
마지막은 런던의 큐 왕립 식물원이에요. 거대한 나무들 사이에 설치된 트리 워크*Tree Walk*에서 공원을 전체적으로 조망할 수 있죠. 무엇보다 나무들 자체와 온실이 좋아요.

당신이 오랜 세월 정원을 가꾸면서 터득한 좋은 방법들이 있다면 무엇인가요?

빈 달팽이집을 대나무 줄기에 씌워요. 보기에도 예쁘고 뾰족한 줄기에 눈이 찔리지 않으니 좋아요.
완두콩의 연한 잎을 샐러드용으로 수확할 수도 있어요. 그러면 더 무성하게 잘 자라는데 덩굴손이 감을 수 있는 버팀목을 세워 주어야 해요.
날이 더울 때는 장미와 플록스를 비롯해서 노균병에 민감한 식물들에게 물을 뿌려주어야 해요. 물은 응애를 씻어내는 데도 좋아요.
채소밭의 비트와 근대 잎들은 건초 재료로 그대로 두는 게 좋습니다. 그러면 땅이 덜 마르고 잡초가 올라오는 것도 막아주죠.

나무 수색자

"우리는 식물을 구입해서 다시 판매합니다." 묘목원 세계에서 특히 명성이 자자한 숙련된 나무 전문가 카타리나 폰 에렌Katharina von Eh-ren은 자신이 하는 일을 그렇게 설명한다. 그녀는 1865년부터 함부르크 성문 앞에서 정선된 수목을 키워 전 유럽으로 보낸 유서 깊은 로렌츠 폰 에렌 묘목원 사업을 5대째 대표로서 2011년까지 이끌었다. 카타리나 폰 에렌처럼 어려서부터 부모님이 운영하는 묘목원을 뛰어다니며 자란 사람은 알아둘 가치가 있는 모든 것을 일찍부터 배우고, 무엇보다 나무에 대한 사랑을 배운다.

그녀는 아머란트와 베를린에서 묘목원 정원사 교육을 받은 뒤 베를린에서 원예학을 전공했다. 학업을 마친 뒤에는 미국 롱아일랜드와 뉴저지에서 트리 브로커Tree broker로 다년간 일했다. 그녀는 전문가로서 맨해튼 섬 남단에 많은 사람이 찾는 배터리 공원을 재조성하는 데 필요한 가장 아름다운 식물들을 공급했다. 미국 동부 해안가에 새로 들어선 많은 주택들의 넓은 대지를 위해서 이들 사유지에 자연스러운 역사적 분위기를 선사하는 인상적인 고목들을 선택했다. 고향으로 돌아와서는 가족이 운영하는 묘목원 사업에 참여하여 14년 동안 특히 판매부에서 일했다. 그리고 2012년 초에 독립해 함부르크에 '국제 트리 브로커 유한회사'라는 개인 사무실을 열었다. 지금은 식물에 대한 열정, 여행과 새로운 발견에 대한 즐거움에 이끌려 유럽 최고의 묘목원을 돌아다니며 최고의 나무들을 찾는 일에 열중하고 있다. 덴마크와 프랑스, 네덜란드, 벨기에나 이탈리아의 지중해 지역이든, 아니면 중점적으로 활동하는 '묘목원 전문가들의 나라' 독일이든 카타리나 폰 에렌은 가장 아름답고, 크고, 진기한 나무들이 어디에서 새로운 집을 기다리고 있는지 잘 안다.

그녀는 예리한 감각으로 아름다운 나무들을 찾아내서 사진을 찍은 다음, 특징을 묘사하고 분류해 개인 노트북에 저장한다. 그녀가 자신의 탁월한 나무 취향을 기록한 이 노트북을 열면 수많은 나무 애호가들의 눈은 반짝거린다. 정원사가 나무 시장 상황을 전반적으로 파악하려고 할 때나 조경가가 자신의 구상에 딱 맞는 나무를 찾으려 할 때, 또는 사업 계획자나 투자자가 어떤 시설을 위한 하이라이트로 나무가 필요할 때나 건축주가 꿈에 그리던 나무를 심으려는 소망을 이루고자 할 때, 나무 수색자 카타리나 폰 에렌은 그런 나무가 어디에 있는지 알 뿐만 아니라 그보다 훨씬 더 많은 것을 제공한다. 그녀는 최고의 품질을 보증해주고, 묘목원 곳곳에 있는 식물들을 직접 찾아주고, 거기서부터 건축 현장까지 식물들을 운반하여 물류 전체까지 책임진다. 그녀는 오래전부터 정원을 가꾸는 능력이 뛰어났다. 그런 오랜 경험 덕분에 특별한 나무를 찾는 사람들의 꿈을 이뤄주는 인기 있는 중개인이 될 수 있었다. 최고 품질의 나무를 찾든 희귀한 나무를 찾든, 아니면 진정한 보석과도 같은 나무를 찾든 말이다. 그녀는 다음의 모토에 따라 행동한다. "우리는 나무에 대한 꿈을 실현시킨다!"

카타리나 폰 에렌은
독일 최초의 트리 브로커이다.
단어 그대로 '나무 중개인'이나
'나무 거래인'이라고 옮기면
실제로 하는 일에
딱 들어맞지 않는다.
그보다는 '나무 수색자'가
가장 가깝다.

카타리나 폰 에렌과의 인터뷰

트리 브로커는 무슨 일을 하나요?

우리는 식물을 구입해서 고객들에게 다시 파는 일을 합니다. 보통은 프로젝트와 연관된 일을 하는데, 고객이 먼저 특정한 나무를 찾아달라고 주문할 수도 있고 우리가 돌아다니며 찾아낸 나무들의 사진을 가져가 고객들에게 보여주기도 하죠.

이미 주변 환경에 정착해서 자라는 나무들도 중개하시나요? 헤르만 폰 퓌클러 백작 식으로 말한다면 주변의 땅을 '파 뒤집은' 다음 그 나무들을 파내는 건가요?

아닙니다. 우리는 전문적으로 나무를 재배해서 4년마다 옮겨 심는 묘목원의 나무들만 제공합니다. 그래야 나무들이 가는 섬유로 된 뿌리를 발달시켜 새로운 곳에서도 별다른 손실 없이 잘 자랄 수 있거든요. 퓌클러 백작이 살던 시대에는 오늘날과 같은 독립적인 묘목원들이 아직 없었습니다.

아마 퓌클러 백작이 살아 있다면 그 말에 반대했을지도 모르겠네요. 백작은 시간 낭비 하지 않고 나무를 찾아내 곧바로 자신의 정원에 심게 할 수 있었을 테니까요. 나무를 중개하는 데 제약되는 요인은 무엇인가요?

운반입니다. 우리는 큰 나무를 옮길 때 나무가 밖으로 빠져나오는 길이를 포함해 15미터까지의 화물차를 이용할 수 있습니다. 문제는 수관樹冠의 넓이예요. 오래된 나무들

의 경우 터널의 적재 높이를 초과하지 않도록 4미터 이내로 묶어야 하거든요. 또 큰 나무는 무게가 수 톤에 이르기 때문에 나무를 최종 소재지로 운반하기 위해서는 중장비나 크레인이 있어야 하죠.

큰 나무는 항상 정원의 얼굴입니다. 그런 나무는 가장 먼저 들여 놓아야 하지 않나요?

건축 계획을 아주 잘 세웠을 때는 나무를 먼저 심은 다음에 건물을 짓는 경우가 있습니다. 정원을 위해 적당한 예산을 준비하는 건 매우 합리적인 계획인데, 집과 정원은 따로 떼어 놓고 생각할 수 없을 만큼 하나가 되어야 하기 때문이죠.

가장 좋아하는 나무가 있습니까?

물론 있어요. 그런데 계속 바뀌죠. 지금은 유럽서어나무*Carpinus betulus*에 푹 빠져 있습니다. 아주 단단하면서도 표현력이 매우 강한 나무거든요. 특히 세월이 흐르면서 줄기가 휘어진 채로 자란 나무를 좋아합니다. 유럽서어나무에는 다채로움이 있어요. 매우 고전적인 생울타리용 나무이지만 멋진 가을 색으로 물드는 아름다운 중간 크기의 나무가 되기도 하죠. 기둥 모양이거나 제가 최근에 가장 좋아하는 '모누멘탈리스'*Ulmus minor 'Monumentalis'*처럼 불룩한 모양으로 자라기도 하죠. 배가 불룩한 모양 때문에 저는 이 나무를 '바바파파'라고 불러요. 유럽서어나무는 거의 모든 형태로 재배할 수 있습니다. 최근에 인기 있는 종 모양으로 키울 수도 있고 줄기가 높이 자라는 형태로 키우거나 아래쪽에 가지가 빽빽한 형태로 키울 수도 있죠. 얼마 전에는 놀랍게도 분재목 형태로 자란 수령 70년 된 유럽서어나무를 발견했는데, 옹이가 울퉁불퉁 불거진 데다 이끼까지 자라 있었죠. 유럽서어나무는 조금의 잘못도 용서하지 않는 까다로운 나무가 아니라 많은 것을 참아낼 줄 알고 입지 조건의 폭도 넓은 나무입니다.

가장 좋아하는 침엽수도 있나요?

갖가지 형태로 자라는 서양주목을 아주 좋아합니다. 서양주목은 수령이 천 년까지 이를 수 있고 환상적인 붉은색 나무껍질을 가지고 있어요. 서양주목도 다양한 형태로 키울 수 있는데, 표면을 둥글게 잘라 '살아 있는 돌' 모양으로 키울 수도 있어

위
눈에 아름다운 나무들을 담고
손에 카메라를 든 카타리나 폰 에렌은
항상 고객들의 소원에 귀를 기울인다.

요. 이 외에 소나무 종류도 무척 좋아합니다. 특히 나무껍질이 오렌지색이고 그림처럼 아름다운 줄기에 솔잎은 약간 푸르스름한 색이 도는 구주소나무*Pinus sylvestris*를 좋아하죠. 구주소나무는 요즘 인기 있는 우산소나무*Pinus pinea* 형태로 쉽게 다듬을 수 있어서 이탈리아와 토스카나에 있는 기분을 느끼게 합니다. 진짜 우산소나무라면 독일에서는 추위를 견디지 못했을 텐데 말이죠. 저는 우리 기후에서 수십 년, 수백 년 동안 자라왔으면서도 갖가지 형태로 키울 수 있다는 점에서 다양성을 제공하는 식물을 선호합니다.

형태로 다듬는 다른 방법이 더 있나요?

묘목을 재배하는 사람들의 상상력은 무궁무진해요. 측백나무를 사이프러스 나무와 탑 모양으로 다듬거나 너도밤나무의 수관을 네모 상자 형태로 다듬고, 서양주목을 둥글게 자르고 서양배나무를 나선형이나 네모난 받침대 모양으로 키우기도 합니다. 선명한 기하학 형태도 여전히 인기가 많아요.

골동품 나무는 무엇입니까?

그런 나무는 수령이 어느 정도 되고 이미 수십 년 동안 재배된 나무들입니다. 하나의 골동품은 항상 특별한 점을 갖고 있어요. 특정한 시기에 유래했고, 대량으로 존재하지 않거나, 임의로 재생산될 수 없는 것이죠. 만약 수령이 60년이고 이미 열다섯 번이나 묘목을 옮겨 심은 너도밤나무를 찾아냈어도 그 나무의 묘목 서른 그루를 쉽게 주문할 수는 없습니다. 그런 시간 간격을 만회할 수 없기 때문에 그 나무들이 귀해지는 것이죠. 때로는 영국의 식민지였던 모리셔스에서 발행된 '파란색 모리셔스 우표'처럼 매우 희귀한 나무가 되기도 합니다.

나무에도 유행이 있나요?

나무의 유행은 장기적으로 지속되기 때문에 유행이라기보다는 경향이라고 하는 게 적합할 것 같네요. 지금은 우산 형태가 높은 평가를 받는데 여러 영역에서 활용할 수 있기 때문이에요. 아래쪽에는 지피 식물이나 여러해살이 식물을 심을 공간

79

1

곧은유럽참나무(*Quercus robur* '**fastigiata**')는 자연적으로 기둥 모양으로 자라고 겨울에는 적갈색 옷으로 갈아입는다.

2

매혹적인 모습의 단풍나무는 붉은색 잎을 가진 다른 나무들이 그러하듯 정원에 극적 효과를 부여한다.

3

일렬로 늘어선
곧은유럽참나무가 지중해
같은 풍경과 분위기를
자아낸다.

이 있고 위에는 우산 형태의 수관이 있으니까요. 그런 나무는 꽃이 피고 열매가 맺히는 관점에서도, 잎이 근사한 가을 색으로 물드는 관점에서도 흥미로워요. '그림처럼 아름답거나' 인상적인 나무들의 수요도 점점 높아지고 있어요. 예를 들면 어린 나무였을 때 줄기를 3미터 이내로 잘라내 줄기가 굵어지게 한 버드나무나 줄기가 여럿으로 자라는 침엽수의 인기가 높죠.

그 밖에 또 어떤 경향이 있나요?

지금은 먹을 수 있는 과일이 각광받고 있어요. 그래서 장식용 사과가 아니라 실제로 맛있는 사과, 배, 자두나 노란색 자두가 열리는 과실수의 인기가 높아요. 나무를 고를 때 크고, 오래되고, 최대한 울퉁불퉁한 옹이가 있는 특징적인 나무를 선택하는데, 정원에 옮겨 심고 나서 바로 다음 가을에 과일을 따 먹을 수 있기 때문이죠.

벨기에 샤르뇌 지방에서 생산되는 오래

●
아래
지름 2미터의 완벽한 구 형태로 깎은
서양주목이든 단독으로 심어도 눈에 띄는
곧은유럽참나무든, 형태가 곧 트렌드다.

●
오른쪽
하나의 줄기에 네모난 받침대 모양으로 키운
넓은잎피나무(*Tilia platyphyllos*)는
높은 녹색의 벽이 되어 시야를 보호한다.
주사위 모양의 서양주목은
조성된 지 얼마 안 된 정원에
짜임새를 형성해준다.

된 배의 품종 중 하나인 '퐁당 샤르뇌Fondante de Charneux'는 말 그대로 입에서 살살 녹을 정도로 달고 맛있어요. 사다리 없이 과일을 딸 수 있게 수평 형태로 키우거나 낮게 키운 나무를 선호하죠. 우리는 과실수의 수요가 점점 더 높아지는 것을 느끼는데, 수확하면서 자급자족이나 근원성에 대한 소망, '자신의 정원으로 돌아가려는 욕구'가 커지기 때문이에요.

색깔이 있는 나무들의 인기는 어떤가요?

그런 나무들은 점점 인기가 많아지고 있고 색깔도 더 다양해졌습니다. 잎이 붉은색인 유럽너도밤나무 '푸르푸레아'*Fagus sylvatica 'Purpurea'*나 잎이 노란색인 미국주엽나무 '선버스트'*Gleditsia triacanthos 'Sunburst'*, 그리고 은빛의 가는 잎이 올리브나무와 비슷한 버들잎배나무*Pyrus salicifolia* 등이 있어요.

어떤 나무가 어디에 있는지 어떻게 전부 파악할 수 있나요?

우리는 '식물 사냥'을 다녀오고 나서 각 재배지와 묘목원에 따라 분류한 자료와 사진첩을 작성해요. 그러면 상품 그룹에 따라 분류한 대량의 데이터 뱅크가 생기죠. 예를 들어 활엽수 그룹에는 토피어리 나무들과 생울타리, 과실수, 단독으로 키우는 나무들이 있어요. 우리의 데이터베이스는 거의 매 순간 바뀌는 과정에 있습니다. 모든 것이 끊임없이 바뀌고, 어떤 것은 판매되고, 어떤 것은 성장하고, 또 어떤 것은 다듬어지죠. 좋은 나무가 있다는 정보를 얻기도 하고, 또 그렇게 돌아다니면서 발견하기도 합니다. 한마디로 탐정이 하는 일이랑 비슷해요.

창가에 놓는 작은 분재가 아니라 정원에 심는 큰 나무도 취급하시나요?

그런 나무는 수령이 오래되고 가격도 상당히 비쌉니다. 저는 90년 된 소나무 분재를 판매한 적이 있어요. 분재는 크기에 제약이 있기 때문에 보기보다 훨씬 오래된 것일 수도 있습니다. 심지어 일본에서 판매 제안이 올 때도 있어요. 하지만 운반에 문제가 생겨 계획이 무산되기도 합니다. 분재는 정원의 진짜 보석들이죠. 어떤 고객은 컴퓨터에 저장된 사진을 보자마자 너무 마음에 들어 해서 그 자리에서 바로 구입

한 적도 있어요. 하지만 나중에 분재를 계속 다듬는 일은 전문가의 손에 맡겨야 합니다. 귀한 것은 모두 특별한 손질이 필요하니까요. 고급 야회복을 세탁소에 맡기지 직접 빨지 않는 것처럼 말이죠.

과대평가된 나무가 있다면 어떤 나무일까요?

서양산사나무*Crataegus laevigata*요. 독일에서 붉은색 꽃이 피는 나무가 그리 많지 않기 때문에 항상 표준 목록에 등장합니다. 하지만 꽃이 피는 시기가 너무 짧고 질병에 취약해서 저는 별로 확신하지 못하는 나무죠.

고객의 나이가 많을수록 오래된 나무를 찾나요?

일반적으로 그렇다고 말할 수는 없어요. 젊은 사람들이 이미 완성된 큰 생울타리와 나무가 있는 이른바 '즉석 정원'을 원하는 경우가 있거든요. 완벽하게 갖춰진 정원도 가능하죠. 아무것도 없던 곳에서 몇 개월만 지나면 잘 가꾸어졌다는 인상을 주는 정원이 탄생할 수 있는데, 이미 어느 정도 나이가 든 나무들을 옮겨 심었기 때문입니다. 이런 일은 몇 년 전만 해도 매우 특수한 경우였어요. 하지만 그사이에 많은 고객들이 우리를 통하면 소중한 시간도 '살' 수 있다는 사실을 알게 된 거죠.

정원에 대한 열광이 일반적으로 증가했다고 할 수 있나요?

네, 물론이에요. 요즘은 정원 전문 잡지가 아주 많은데, 여기에서 정원과 정원 문화에 대한 새로운 즐거움을 알 수 있어요. 우리 고객들 중 상당수는 정원을 처음 조성하기 위해서가 아니라 아주 특별한 것을 구하려고 우리를 찾는 사람들이에요. 고객들이 원하는 것을 정확히 보여주고 제공할 수 있다는 게 우리의 장점이죠. 그런 고객들에게 우리는 '시간을 아껴주는' 사람들이에요. 고객들이 수많은 묘목원을 직접 돌아다닐 필요 없이 우리가 그들이 원하는 나무를 대신 찾아주니까요.

식물에 가장 좋은 시기는 언제일까요?

제 생각에는 가을이에요. 가을에 일찍 나무를 심으면 뿌리를 더 내릴 수 있고 봄부터 곧바로 성장하거든요. 물론 개잎갈나무*Cedrus* 나무처럼 이른 봄에만 심어야 하는 몇몇 예외적인 경우도 있어요.

화분에서도 일 년 내내 잘 자랄 수 있는 나무는 어떤 것일까요?

춥고 열악한 입지 조건에서도 잘 견디고, 공간이 좁아도 괜찮은 소나무가 가장 적합합니다. 상록수인 소나무는 종류가 무척 다양해요. 베란다에 놓으면 다른 식물과 어우러져서 특히 예쁘게 보이는 키 작은 소나무도 있어요.

특히 나무껍질이 아름다워서 겨울에 매력적으로 보이는 나무로는 어떤 게 있을까요?

산딸나무*Cornus kousa*는 나이가 들면 나무껍질이 부분적으로 비늘 형태로 떨어져요. 파로티아 페르시카*Parrotia persica*는 나무껍질이 장식적으로 조각조각 떨어지고, 서양주목은 마호가니처럼 솔로 문지른 듯 반짝거리죠. 펜실베니아산겨릅나무*Acer pensylvanicum* 나 눈처럼 하얀 히말라야자작나무*Betula jacque-montii*는 멀리서도 빛이 납니다. 자연은 무궁무진하죠. 저는 등수국*Hydrangea petiolaris*을 특히 좋아합니다. 등수국은 특이한 계피색 나무껍질과 두꺼운 노란색 꽃봉오리를 가진 '굉장히 강하고 야생적인' 식물이고, 햇빛과 그늘은 물론이고 모든 가지치기도 잘 견디죠. 오래된 꽃차례(꽃대에 달린 꽃의 배열 상태를 나타내며, 꽃이 붙은 줄기나 가지를 이르는 말이기도 하다 - 옮긴이)도 그대로 놔두면 아름다운 장식이 되고요. 어디서든 등수국을 심을 자리는 항상 마련하는 게 좋아요.

주변 환경에 적합한 식물 고르기

주변 환경에 맞는 식물을 심으면 새로운 곳에서도 성공적으로 오래 키울 수 있다. 모든 식물은 빛과 그늘, 기후대, 토양 상태 등과 관련해서 특정한 입지 조건의 폭을 가진다. 각 식물에 특수한 요구가 고려되면, 식물은 제대로 심고 보살핀다는 전제 아래 최상의 상태로 성장할 수 있다.

물 붓는 테두리의 필요성

단독으로 심는 관목에는 물 붓는 테두리를 만들어주는 것이 좋다. 흙으로 낮게 쌓은 이 테두리는 식물 전체의 뿌리 덩어리의 지름보다 작아야 한다. 그래야 물이 테두리를 통해 뿌리로 스며들 수 있다. 물이 잘 스며드는 것은 식물이 성장하는 데 중요한 전제 조건이다.

물이 잘 스며들게 한다는 건 정원용 호스로 그 테두리에 여러 차례 물을 채워주라는 뜻이다. 크게 자라는 단독 식물들은 수백 리터의 물이 필요하다. 특히 식물을 심은 해와 첫 생장기에는 계속 테두리에 호스로 물을 주어야 한다. 내 경험상 그렇게 해야 적절하게 물을 공급해서 제대로 관리할 수 있다.

관목 가지치기

전문적인 가지치기는 모든 목본 식물에 권장할 만하다. 가지치기는 식물의 부담을 덜어주고 생장기에 더 화려하게 성장하도록 도와준다.

다양한 용기에 식물을 키우는 경우

상록 활엽 식물은 특히 햇빛은 풍부하지만 기온이 낮은 겨울을 견디지 못할 때가 많다. 이른바 한랭 건조 때문이다. 추위로 용기 속 인공 배양토는 얼어 있어도 식물은 햇빛 속에서 상록 잎을 통해 계속 물을 증발시킨다. 하지만 얼어붙은 인공 배양토 때문에 물을 흡수할 수가 없고, 결국 식물이 말라붙게 된다. 반면에 소나무Pinus는 침엽을 통해서 상대적으로 적은 양의 물을 증발시킨다. 그래서 용기뿐만 아니라 햇빛에 노출되고 기온이 아주 낮은 산속의 자연적인 입지에서도 잘 자란다.

아주 특별한 비결

뉴욕 원예 시스템 회사에서 일할 때 피터 코스치 회장이 해준 말을 들려주고 싶다. 어떤 지역에 어떤 식물이 특히 잘 자라는지 알고 싶으면 오래된 공동묘지를 찾아가 보라는 말이다. 공동묘지에서 이미 수십, 수백 년 전부터 있었던 식물들을 발견하고, 때로는 다른 곳에서 자주 사용되지 않는 특별한 식물을 찾을 수도 있다.

식물 심기

식물을 심을 구덩이는 흙을 포함한 전체 뿌리 뭉치의 지름보다 약 2.5배 정도여야 하고 바닥의 흙을 깊은 곳까지 미리 일궈주어야 한다. 그래야 물이 잘 스며들어 치밀한 바닥 층 위로 물이 고이지 않는다.

원칙적으로는 식물을 조금 높게 심는 것을 권한다. 미리 일궈놓은 흙이 다시 내려앉기 때문이다. 심지어 뿌리 뭉치를 약간 돌출되게 심어 장기적으로 뿌리 뭉치의 위쪽 단면을 지면과 맞닿게 해야 한다. 너무 깊게 심으면 산소가 뿌리에 충분하게 공급되지 않아서 식물이 스트레스를 받아 제대로 못 자란다.

유기 물질은 식물 구덩이의 맨 위층에만 보충해야 한다. 유기 물질을 분해할 수 있는 토양 생물Edaphone들은 거기에서만 활동할 수 있다. 더 깊은 곳에 넣으면 분해가 잘 되지 않아서 식물에 해로운 메탄가스가 발생하게 된다.

식물이 뿌리 뭉치를 통해서만 영양을 공급받는 시기에는 유기질 형태(예를 들면 뼛가루)의 비료를 주어야 한다. 무기질 비료는 뿌리를 메마르게 할 수 있다.

특히 단독 식물의 경우에는 전문적인 원예 회사를 통해서 전문적으로 심고 보살피게 하라고 권하고 싶다. 식물은 생명체이기 때문에 끝없는 보살핌이 필요하다.

식물과 함께하는 시간을 즐겨라. 식물은 해마다 특색이 풍부해지고 표현력도 강해지며, 더 아름다워지고 특별해진다.

매년 겪는 날씨에 의한 변화는 새로운 깨달음과 새로운 생각을 갖게 한다. 식물은 그늘을 만들어 주고, 산소를 공급하고, 멋진 풍경을 보여주고, 여러분의 정원에 다채로움과 활력을 주고, 장식과 먹거리로 이용할 수 있는 열매를 선사한다. 나아가서 시대의 증인이자 기어오르고 숨는 장소도 된다. 한마디로 변화무쌍한 즐거움을 준다.

정원 여행을 안내하는 꽃의 요정

앙겔리카 에르틀

1947년 3헥타르의 대지에서 채소 원예를 시작한 창업주는 1950년대에 벌써 장식 식물을 생산하고 화훼를 재배하기로 방향을 돌렸고, 마른 꽃다발을 만들기 위해 패랭이속*Dianthus*과 극락조화*Strelitzia*, 밀짚꽃*Helichrysum* 등 당시에는 매우 현대적인 꽃들을 키웠다. 1979년에 원예업을 인수한 앙겔리카 에르틀*Angelika Ertl*의 부모는 자신들의 딸이 언젠가 정원사가 될 거라는 사실을 일찍부터 알아차렸다. 앙겔리카 에르틀은 원예 학교를 다니며 아일랜드에서 실습을 하던 시기에 이미 자신의 취미와 직업을 하나로 만들겠다고 결심했다. "그래, 정원이 내 삶이야!"

앙겔리카 에르틀은 2000년에 멜버른에서 무척 탐나는 제안을 받았지만 거절하고 고향으로 돌아왔다. 이제 막 플로리스트가 된 활력과 창의성이 넘치는 그녀는 겨우 스물한 살의 나이에 부모의 사업을 이어받는 길을 선택했고 최고의 꽃들로 사람들을 매혹시키고 싶어 했다. 2001년은 생기 있고 퍽 아름다운 외모를 가진 그녀에게 특별한 행복을 가져다준 해였다. 빈에서 '꽃의 여왕' 상을 받게 된 것이다. 오스트리아 공영 방송ORF에서 그런 그녀를 주목했고, 텔레비전의 생방송 프로그램을 하나 맡아 보지 않겠냐는 제안을 했다. 생기발랄하고 당돌한 그녀는 자신 있게 그 제안을 받아들였다. 앙겔리카 에르틀은 작은 자동차에 정교한 솜씨로 다듬은 일곱 개의 꽃다발을 싣고 스튜디오로 향했다. 그녀는 자신도 모르게 낸 용기에 대한 두려움을 멋진 화장으로 떨쳐버린 채 매력적인 외모와 넘치는 기지로 플로리스트로서의 솜씨를 전문적으로 선보였다. 이 방송은 그녀의 프로그램 진행자로서의 경력의 출발점이 되었고, 그녀는 오늘날까지도 정기적으로 여러 정원 프로그램을 맡아서 전문가들과 여러 가지 정원 관련 주제로 대화를 이끌어 나가고 있다. 열광적인 팬 층을 거느린 프로그램에서 그녀가 무엇보다 좋아하는 건 '실시간으로' 들어오는 시청자들의 질문에 전문적이면서도 재치와 유머가 넘치는 대답을 하는 순간이다.

앙겔리카 에르틀은
정원사, 플로리스트,
가족 기업 경영자,
TV 프로그램 진행자,
정원 여행 기획자,
정원 안내자로 활동하며
다양한 녹색 직업 덕분에
삶에서 기쁨과 즐거움을
완전하게 느낀다.

정원사이자 플로리스트인 앙겔리카 에르틀은 고무장화를 신고 삽을 들고 다니며 하는 정원 작업과 금은을 세공하듯 정교하게 꽃을 매만지는 작업 사이의 긴장 곡선을 좋아한다. 그녀는 힘과 섬세한 감정, 흙의 무거움과 깃털처럼 가벼운 정밀한 작업을 활력과 풍부한 상상력과 결합시킨다.

그 밖에도 앙겔리카 에르틀은 영국과 이탈리아, 그리고 그녀의 고향 오스트리아에 있는 아름다운 정원들로 떠나는 여행도 기획한다. 여행객들에게 매혹적인 꽃의 천국을 보여주고, 그녀 자신은 자신의 정원 울타리 밖으로 향하는 드넓은 시선을 즐긴다. 그녀의 창작욕은 거의 마법처럼 느껴진다. 그녀의 부모 역시 열정적인 정원사들이라서 "사용하지 않으면 퇴화한다"는 모토에 따라 의욕이 넘치는 딸의 일을 도와줄 때가 많다.

삶은 식물과도 같다. 그래서 삶도 성장해야 한다. 앙겔리카 에르틀이 최근에 기획한 일은 '정원 빌리기'다. 도시에 사는 사람들은 원예원의 정원 부지에 마련된 다양한 크기의 정원을 빌릴 수 있다. 그러나 주말농장과는 달리, 개별 정원에 각자의 취향에 따라 식물이 심어져 있고 준비돼 있거나 그냥 '검은 흙'만 제공되기도 한다. 그녀는 고객들이 원하는 대로 정원을 쉽게 가꿔주는 '그린 소셜 클럽'을 만들고 싶어 한다. 그 클럽에는 모든 도구가 갖춰져 있고, 전문 정원사들이 사람들에게 여러 가지를 조언해주고 도와주거나 식물에 물을 준다. 활기찬 정기 모임에서는 정원과 관련된 전문적인 이야기를 장시간 나누고 영양가 있는 지식을 공유한다. 모든 것은 유기농으로 이루어져야 한다. 앙겔리카 에르틀은 다양한 재능을 지닌 열정적인 정원사이고, 그녀의 행복한 세계는 정원이다.

꽃에 대한 순전한 기쁨

혹시 여러분은 남의 집 꽃을 훔쳐본 적이 있는가? 울타리 너머에 핀 꽃을 따거나 꽃밭에 핀 꽃을 꺾어본 적은 있는가? 여러 개의 꽃들을 꺾어 나란히 늘어놓은 적은 또 얼마나 많은가? 그러다가 누군가 더없이 아름다운 그 꽃들을 기쁜 마음으로 나누어 주기라도 하면 곧바로 크나큰 행복을 느낄 수 있다. 절화에 대한 사랑은 꽤 오랫동안 이어진 전통이고, 거기에서 진정한 수공업 분야 하나가 발전했다. 바로 화훼 장식 기술이다.

꽃은 항상 우리와 함께였다. 나이가 많은 여자들은 대부분 어린 시절 머리에 화환을 쓰거나 손에 꽃다발을 들고 찍은 사진을 갖고 있다. 시골 농가의 정원에는 전통적으로 꽃들이 자랐는데, 예전에는 이 꽃들의 기분 좋은 향기가 가축우리에서 나는 냄새를 막아주는 역할을 했기 때문이다. 성당과 교회에도 꽃을 가꾸는 작은 정원이 딸려 있어서 그 꽃들로 예배당을 장식했다. 오늘날에는 시골 농가풍 정원이 다시 큰 인기를 얻고 있다. 그러나 '일반 정원'에서도 여러해살이 식물 화단과 별도로 집안 장식을 위한 절화용 화단을 따로 조성한다. 즉 여러해살이 식물을 나누어 심는 것에서 시작되는데, 가령 돌나물*Sedum*, 꽃범의꼬리*Physostegia virginiana*, 플록스, 디기탈리스 푸르푸레아*Digitalis purpurea*나 풀들이 화단에서 너무 넓게 퍼지기 때문이다. 이런 식물은 초보자들에게는 '달갑지 않은' 식물이다. 그러다 다음해가 되면 이 식물들이 꽃다발을 만들 때 잘라 쓰기에 아주 훌륭하다는 사실을 알게 된다. 시간이 지나면서 이 식물들은 정원의 한 부분으로 독자적으로 성장하고, 곧 선호도에서 우위를 차지하게 된다. 내 친구들은 대부분 시골풍 정원에 피는 코스모스처럼 소박한 꽃의 씨앗을 교환하는 것으로 화단 가꾸기를 시작한다. 코스모스는 고마울 정도로 오랫동안 꽃이 피어 있고, 제법 크게 자랐을 때도 공기처럼 가벼운 줄기로 바람과 폭풍우를 버텨낸다. 그 다음에 화단에 추가되는 식물은 적당한 높이의 또 다른 우아한 꽃들이다. 금잔화는 대부분 필수적으로 화단에 포함된다. 이 빛나는 오렌지색 꽃은 어디에서나 유행이고, 무엇보다 놀라울 정도로 오래 피어 있다.

나는 종종 불가사의한 파란색 꽃이 있어야 한다고 생각할 때가 많다. 이럴 때는 수레국화*Centaurea cyanus*가 놀라운 발견이 된다. 수레국화로는 섬세하고 자그마한 걸작을 만들 수 있다. 꽃자루가 너무 여려서 플로랄폼에는 꽂을 수 없지만 꽃다발을 만들거나 꽃병에 넣는 용도로는 그야말로 환상적인 꽃이다. 과꽃*Callistephus chinensis*은 시장에서도 저렴하게 구입할 수 있지만 반드시 직접 키워야 하는 식물이다. 이 꽃은 때때로 겨울이 이미 문을 두드리는 시기에 찬란하게 꽃을 피워 참된 기쁨의 순간을 선사한다. 국화과에 속하는 참취속*Aster* 꽃들은 모든 절화용 정원을 세련되게 만들어주고, 가을에는 달리아와 꽈리*Physalis*도 창의성 있는 사람들을 기쁘게 한다. 여러 종류의 풀도 꽃 정원에서 해가 지날수록 인기가 많아진다. 많은 정원 주인들은 방울새풀*Briza*이나 낚시귀리*Chasmanthium latifolium*가 얼마나 아름다운지, 그레이사초*Carex grayi*는 생화 꽃꽂이에 얼마나 기품 있게 어울리는지 서서히 알게 된다. 우리는 키 큰 꽃병에 볏과에 속하는 스파르티나 펙티나타*Spartina pectinata*나 억새*Miscanthus sinensis*를 즐겨 사용한다. 풀은 꽃 장식을 할 때 채워 넣는 식물로 아주 잘 어울린다. 나비나물속 식물은 격자 구조물을 타고 올라가며 자라는 걸 좋아하고, 심지어는 단순한 마른 나뭇가지 하나도 휘감고 올라가며 자란다. 아주 섬세한 향기 식물 중 하나로 모든 절화용 정원에서 빠져서는 안 될 식물이다. 여린 꽃이 피어도 꽃자루는 매우 단단하며, 길게 잘라낼 수도 있다.

꽃씨 찾기

나는 여행을 다닐 때마다 절화용 정원에 심을 꽃씨를 찾고 있는 나 자신을 발견하곤 한다. 특히 각시갈퀴나물*Vicia dasycarpa Ten.* 같은 한해살이 꽃을 즐겨 찾는다. 매년 새로운 꽃을 심고 계속해서 다른 품종을 시험한다. 절화용 정원에서는 특별히 얽매이

위

앙겔리카 에르틀은
플로리스트로서 코스모스를 추천한다.
이 한해살이 꽃은 쉽게 키울 수 있고
꽃자루가 예쁘고 튼튼해서
꽃다발을 만드는 데 알맞다.

는 것이 없다. 여기에서는 꽃들이 제멋대로 자라게 두기도 하고 뒤죽박죽으로 혼란스럽게 자라도 상관하지 않는다. 풀과 겨울을 잘 견디는 몇몇 여러해살이 식물은 정원에 계속 남아 있다. 그러나 어떤 식물은 일 년 동안만 키운 다음 다른 꽃들을 심기도 한다. 가을에 다음해에는 어떤 식물을 심을지 고민하는 일은 나에게 특별한 즐거움이다. 때로는 수많은 종자업체에서 나온 품종 목록을 밤새 즐겨 읽는다. 어떤 꽃들은 생각했던 것과는 다르게 자란다. 특히 정원 여행을 다녀오면서 여러 개의 씨를 이름도 모르는 채 종이에 둘둘 말아 가져왔다가 꺼내 심는 경우에 그렇다. 씨앗을 종이에 싸 올 때는 현장에서 바로 이름을 적거나 차라리 정원 가게에서 다양한 씨앗 봉투를 구입하는 것이 좋다. 독일어로

는 '풀밭의 처녀Jungfer im Grünen'라고 불리고, 영어로는 아주 낭만적인 '안개 속의 사랑Love in a mist'이라고 불리는 니겔라Nigella damascena를 적극 추천할 수 있다. 또한 생명력이 강한 비름속Amaranthus 식물도 추천하고 싶다. 두 종 모두 다르면서도 매우 훌륭한 장식을 만들 수 있기 때문이다. 꽃다발을 만들 때 인기가 좋은 다채로운 색의 양귀비와 경쾌한 딜은 씨앗에서 꽃을 얻기까지의 과정이 수월하다. 하나의 정원은 최고의 선물이다. 스스로의 힘으로 열심히 가꿔서 얻을 수 있고, 절화용 정원 소유자에게 항상 새로운 것에 대한 기쁨을 선사하기 때문이다.

정원 여행의 행복

어떤 사람들은 정원을 마지막 귀중한 자산이라고 한다. 스위스 조경가 디터 키나스트는 내가 가장 좋아하는 말을 남겼다. "정원은 우리 시대의 마지막 사치다. 우리 사회에서 가장 귀중해진 것들을 요구하기 때문이다. 바로 시간과 공간과 관심이다."

손님들과 정원 여행을 다니다보면 정확히 그 점을 실감할 수 있다. 우리는 함께

1

화단 뒤편에서 자라고 있는
여러해살이 식물들은 꽃다발을
만들 때 필요한 싱그러운
초록색 줄기와 잎을 제공한다

2

과감하게 용기를 내라! 화단의
꽃들을 충분히 잘라주면
나중에 훨씬 더 풍성하게
꽃이 핀다.

3

덩굴장미는 꽃이 오래 피어
있을 뿐만 아니라 가을에는
붉은 열매가 열려 훌륭한
장식적 효과를 준다.

4

여러해살이와 한해살이 식물들로
화단을 촘촘하게 채우면
꽃들을 풍부히 수확할 수
있을 것이다.

시간을 내서 꽃을 관찰하고, 여러해살이 꽃들의 다양한 조합에 감탄하고, 필요한 내용들을 메모한다. 정원 주인들에게 해충을 박멸하는 데 가장 좋은 수단이 무엇인지, 특별히 좋은 퇴비를 만드는 방법은 무엇인지 묻는다. 집 건너편에 서 있는 나무는 무엇이고 그 나무가 우리 정원에도 어울릴지 묻는다. 이런 시간은 귀중하고 진정한 교육의 시간이자 애착의 시간이다. 거기에다 점점 더 협소해지고 있는 '공간' 요인도 더해진다. 우리는 영국식 풍경 정원의 광대함에 경탄하고 도시의 작은 오아시스를 보면서도 감탄한다. 곳곳의 정원사들이 얼마나 굉장한 것들을 이루어 냈는지 도저히 믿기지 않는다. 그것도 때로는 단지 일하는 기쁨과 자신의 낙원이 될 공간을 만든다는 생각만으로 말이다. 마지막으로 남은 요인은 관심이다. 여기서 중요한 건 우리가 정원 여행을 다니면서 만난 정원사들의 면면이다. 그중에는 정식 정원사 복장에 고무장화를 신고 자신의 칭호에 긍지

●
왼쪽 위
화단의 모양을 만들어주는
상록 생울타리가 정원을 일 년 내내
싱그럽게 초록색으로 유지해준다.

●
왼쪽 아래
창의적인 아이디어가 넘치는
정원을 방문하면 즐겁고
뜻밖에 희귀한 식물을
만나게 되면 기쁘다.

●
아래
마음 수련 명상을
즐길 수 있는 정자

를 갖는 '수석 정원사'도 있었다. 영국에서는 왕실 가족 다음으로 오를 수 있는 최고의 지위다. 또 어떤 경우는 집 근처에 있는 정원을 찾아갔다가 만난 평범한 사람들도 있다. 그들이 대단히 전문적인 정원사인지 아마추어인지는 중요하지 않다. 그들 모두는 식물을 사랑하고 그들의 정원을 찾는 사람들을 존중하기 때문에 훈장을 받아 마땅하다. 그들 중 대다수는 사람들의 말에 기뻐한다. "정말이지 너무나 아름다운 정원이네요. 이 꽃을 볼 때마다 당신과 당신 정원을 떠올릴 거예요." 이것 역시 관심이다.

그러면 정원사들은 다음과 같은 말을 할 가능성이 아주 크다. "아닙니다. 오늘은 그렇게까지 근사한 모습은 아니에요. 날씨가 좋지 않아서…." 그렇다, 그들은 항상 날씨 탓을 한다. 하지만 우리 눈앞에 펼쳐진 그들의 정원은 대부분 감탄을 금할 수 없을 정도로 찬란하다.

정원을 보기 위해 어느 나라를 여행하는 게 좋으냐고 묻는다면 '그냥 어디로든 떠나라'고 말하고 싶다. 내 경우는 영국의 뛰어난 정원 문화에서 시작했다. 그 다음에 이른 봄부터 반짝반짝 빛나는 이탈리아를 거쳐 프랑스의 낭만적인 알자스 지방으로 향했다. 네덜란드에 갔을 때는 놀라울 정도로 섬세한 여러해살이 식물 재배에 푹 빠졌다. 신비로운 아일랜드나 '정원 문 개방일'에 방문할 수 있는 독일의 개인 정원들도 여행의 하이라이트였다. 가까운 거리를 다녀온 모든 여행도 무척 좋았고 새로운 영감을 얻을 수 있었다. 남부 티롤의 시골풍 정원들이나 가까운 곳의 정원들이 그랬다. 때로는 "여기 이 식물은 겨울을 잘 견디나요?"라는 가벼운 질문이 깊은 대화와 정원으로의 초대로 이어졌다. 이웃 정원사들의 경험과 지역에 있는 정원들은 최고의 교육 수단이다. 같은 지역에 있는 정원의 해충에 대해 이야기를 나눌 수 있고, 가까운 곳에서 구한 새로운 도구들과 근처 원예원에서 올해 처음으로 재배한 새로운 여러해살이 식물들에 대해서도 이야기할 수 있으니 말이다. 울타리 너머로 시작한 가벼운 대화는 종종 오랜 세월 지속되는 여러 친분 관계로 발전하기도 한다. 그러니 용기를 내라!

울타리 너머로 시작한
가벼운 대화는
종종 오랜 세월 지속되는
여러 친분 관계로
발전하기도 한다.

성공적인 절화용 화단을 위한 처방

매발톱꽃 씨 한 봉투. 예를 들면 큰 꽃이 피는 푸른매발톱꽃 '매카나 자이언트'*Aquilegia caerulea* 'McKana's Giant' 는 나비들과 비슷하다.

겹꽃 양귀비*Papaver somniferum* var. *paeoniflorum* 씨 한 봉투. 장밋빛 꽃이 피는 '비너스*Venus*', 검정색 꽃이 피는 '블랙 피오니*Black Peony*', 하얀색 꽃이 피는 '화이트 클라우드*White Cloud*'나 낭만적인 연보라색 꽃이 피는 '바이올렛 블러쉬*Violetta Blush*'처럼 다양한 품종을 선택한다.

금어초*Antirrhinum majus* 씨 한 봉투.

여러 품종이 혼합된 수염패랭이꽃*Dianthus barbatus* 씨 한 봉투.

파란색과 하얀색 꽃이 피는 니겔라*Nigella damascena* 씨 한 봉투.

백일홍*Zinnia elegans* 씨 한 봉투. 기분에 따라서 겹꽃이든 홑꽃이든 갖가지 색이 다 있는 것으로 고른다.

꽃씨를 심을 흙을 일궈야 한다. 아직은 꽃삽을 이용하도록 하고 좋은 배양토를 듬뿍 사용한다. 그래야 꽃이 빠르게 잘 자랄 수 있다.

파종할 때 기온은 15도가 가장 적합하다.

씨는 그룹별로 뿌려야 더 아름다운 효과를 얻을 수 있다. 그래야 화단을 가꾸고 수확할 때 수월하다.

고운 배양토로 씨앗을 잘 덮은 다음 조심스럽게 물을 뿌린다. 새싹이 잘 자라도록 규칙적으로 물을 준다.

꽃이 피면 부지런히 잘라서 다채로운 꽃다발을 만든다. 그럴수록 꽃이 더 풍성하게 핀다.

정원을 잘 가꾸는 방법

정원을 순환적으로 관찰한다. 정원에서 자라는 모든 것을 다시 사용하면, 그것이 정원을 더 강하게 한다. 사람들 저마다 모두를 돕고 치유할 수 있는 것처럼 정원도 마찬가지다.

정원에서 마늘은 기적의 수단과 같다. 분무제로 사용하거나 으깨서 즙으로 사용하든, 껍질만 벗겨서 식물 옆 흙에 꽂아두기만 하든 상관없다. 마늘은 진딧물, 응애, 온실가루이를 퇴치한다.

식물보호제로 사용할 마늘 용액은 마늘 두세 알을 으깨서 물 1리터에 넣은 뒤 24시간 동안 우려내어 만든다. 기온이 15~30도일 때 이 마늘 용액을 피해를 입은 식물에 여러 번 뿌려준다.

나한테는 쐐기풀이 무척 중요하다. 거름으로 사용하든 진딧물 퇴치를 위한 살충제로 사용하든 말이다. 또 채소밭에 그냥 놓아두기만 해도 쐐기풀은 영양소가 많이 필요한 식물들에게 아주 훌륭한 영양소 공급원이 된다.

내가 가장 좋아하는 꽃은 클레마티스*Clematis florida*다. 순식간에 퍼져서 모든 자리를 정복하고, 놀라울 정도로 다채로운 데다가 꽃이 섬세하고 아름답기 때문이다.

내가 가장 좋아하는 나무는 파로티아 페로시카*Parrotia persica*다. 가을이면 울긋불긋 찬란한 색으로 물들기 때문이다.

정원을 가꾸면서 터득한 나만의 작은 지혜

아름다움은 디테일에서 나온다.

정원에서 해야 할 일들이 너무 많아지면 잠시 모든 것을 내던지고 정원의 아름다움 속에서 햇볕을 쬔다.

정원을 가꾸는 행복을 다른 정원 애호가들과 공유한다.

내가 좋아하는 정원들

영국: 셰필드 공원과 정원, 스타우어헤드 정원, 시싱허스트 캐슬 정원, 헬리건의 잃어버린 정원, 더 가든 하우스, 와일드사이드 원예원과 정원.

네덜란드: 민 라위스, 피트 아우돌프, 트비켈 성, 폰 김보른 수목원의 시범 정원들.

이탈리아: 트라우트만스도르프 성, 빌라 감베라이아, 빌라 타란토, 빌라 레알레의 정원들.

프랑스: 보 르 비콩트 정원, 라이레로즈에 있는 발드마른 장미원, 쿠랑스 성 정원, 에릭 보르자 명상 정원, 구르동 성 정원, 쇼펜비르 공원.

오스트리아: 벨라 바이어 정원 아틀리에, 툴른 정원, 호프 성과 에겐베르크 성 정원. 그 밖에도 개인 정원들이 많이 있는데, 이 정원들은 '정원-즐거움*Garten-Lust*'이나 슈타이어마르크 화산 지역의 '삶의 정원들*Lebensgärten*' 홈페이지에서 확인할 수 있다. (정원 목록은 www.garten-lust.at와 www.lebensgaerten.at 참조)

여러해살이 식물과 풀들의 작곡가

페트라 펠츠

페트라 펠츠Petra Pelz는 선명하고 뚜렷한 작품과 힘들이지 않은 듯한 가벼움으로 더없이 아름다운 한 폭의 그림을 탄생시킨다. 이 그림은 까다롭지 않은 식물들을 선택한 덕분에 수명도 아주 길다. 그녀는 식물에 대한 풍부한 지식으로 풀과 여러해살이 식물들을 적절하게 배치할 줄 알고, 식물을 심을 때도 거장다운 솜씨를 발휘해 계절에 따라 각각의 식물이 절정에 이를 수 있도록 한다.

나는 페트라 펠츠를 개인적으로 만나기 오래전부터 그녀가 이룬 혁신적 작업의 성과에 감탄했다. 2003년 로스토크에서 열린 국제 원예 전시회에서 그녀는 6천 제곱미터 땅에 식물들이 놀라운 색채의 향연을 펼치는 인상주의 풍의 그림을 그려놓았다. 그곳의 거대한 부분 구역에서 빛을 포착하는 가벼운 풀들과 촘촘한 풀잎의 물결이 주변의 꽃들과 풍부한 대조를 이루며 장관을 연출했다. 페트라 펠츠는 미래의 발전을 제시하는 혁신적인 작업을 인정받아 2004년에 유럽 여성으로서는 최초로 미국 여러해살이 식물 협회가 수여하는 '2004 조경 디자인 상'을 받았다. 이어진 여러 정원 전시회와 2013년 함부르크 국제 정원 전시회에서도 수많은 관람객이 그녀만의 전형적인 양식을 즐길 수 있었다.

동독에서 태어난 지적이고 창의력이 뛰어난 열여섯 살 소녀가 국제 정원 무대에 오르기까지는 오랜 과정을 거쳐야 했다. 그녀의 삶에서나 디자인에서나 곧은길은 없었다. 그러나 그녀는 힘차고 용기 있게 도약하여 목표를 이끌어갔다. 원예사로 시작해 조경학을 전공하고 1993년에 개인 사무실을 열 때까지 페트라 펠츠는 조용하지만 흔들림 없이 자신의 직업 경력을 쌓아 나갔다. 동서독의 통일을 불러온 전환기에 들면서 페트라 펠츠의 이력은 속도를 내기 시작했다. 서독의 투자자들이 조경 디자이너인 그녀에게 여러 야심찬 프로젝트를 맡긴 것이다. 그러던 중 그녀의 직업 생활에 결정적인 전환을 가져다준 한 권의 책을 만난다. 제임스 반 스베덴과 볼프강 외메가 쓴 《새로운 낭만적 정원들》이었다. 그녀는 볼프강 외메에게 중대한 결과를 불러올 편지를 보냈다. 얼마 지나지 않아 '초원 식물의 아버지'라고 불리는 볼프강 외메가 미국에서 그녀를 찾아왔고, 자신의 고향인 작센 지방에서 추진하는 여러 프로젝트를 함께 작업하자고 제안한 것이다. 페트라 펠츠는 연구 여행으로 미국에 갔다가 풀과 여러해살이 식물들을 구성하는 현대적이고 자유로운 방법을 알게 되었고 거기에 푹 빠졌다. 이후 그녀 자신만의 고유한 양식을 발전시켰다. 어느 하나를 부각하기보다는 분명하게 구분된 구역들을 강조하거나 키 큰 여러해살이 식물과 풀들을 이용해 서로 다른 공간들을 형성하는 방식이었다.

"용기를 갖고 새로운 품종도 사용해야 한다." 페트라 펠츠가 여러 저서에서도 강조한 신조다. 그녀는 공공녹지를 위해 무엇보다 손질하기 쉬우면서도 지속가능한 효과적인 계획안을 발전시켰고, 그 덕분에 도시 사람들도 조금은 야생의 자연을 직접 체험하고 향유할 수 있게 됐다. 그녀의 사려 깊은 구상은 개인 정원들에도 쉽게 적용할 수 있는데, 초원에서 자라는 여러해살이 식물들은 까다롭지 않은 데다 특징적인 구조로 정원에 아름다운 겨울옷을 선사하기 때문이다. 그녀의 창의성은 한계가 없어 보인다. 최근에도 대규모 유휴지를 수목이 우거진 풀밭으로 변신시키고 있다. 우리는 항상 새롭게 변하고, 뜻밖의 기쁨과 놀라움을 주는 페트라 펠츠의 구성을 기대한다.

> 국제적으로 명성이 높은 여러해살이 식물 디자이너 페트라 펠츠는 경쾌한 손짓으로 다채로운 풀밭에 인상적인 교향곡을 펼쳐 놓는다. 그녀의 정원에서는 낭만적이면서 현란한 자연의 소리가 언제나 빼어난 화음을 이룬다.

여러해살이 식물과 풀을 이용한 실험적 구성

나는 풀과 북아메리카에서 유래한 식물을 유난히 좋아한다. 초원 식물들은 싹이 늦게 트지만 대신에 겨울까지 당당하게 견딘다. 20년 전 볼프강 외메를 처음 만났을 때 초원 식물에 눈을 뜨면서 그 가치를 높이 평가하게 되었다. 나는 그 시기에 그에게 특히 많은 것을 배웠다. 지금은 식물을 다루는 일이 평생 동안 이어질 흥미로운 탐험 여행이 될 거라는 사실을 잘 안다.

책을 통해서 배운 것을 제외하면, 식물의 다양한 면에 대한 지식 대부분은 정원에서 직접 심어보고 관찰하면서 서서히 알게 된 것이다. 이탈리아의 알프스 산을 비롯해 여러 지역으로 떠난 탐구 여행에서 동일한 식물이라도 숲에서는 그늘진 곳에서 자라지만, 조금 높은 산의 돌이 많은 비탈에서는 햇빛에서도 자란다는 사실을 관찰할 수 있었다. 나는 이 사실에서 식물을 다룰 때는 비록 책에 적힌 내용과는 다르더라도 때때로 경계를 뛰어넘을 수도 있다는 점을 배웠다. 식물은 입지 조건의 폭이 넓을 때도 있다. 원산지가 일본인 풍지초*Hakonechloa macra*는 내가 좋아하는 풀 중 하나이며, 이론적으로는 반쯤 그늘진 곳에서 자란다. 그러나 내 정원에서 가는잎억새*Miscanthus sinensis* 'Gracillimus' 보다도 햇빛과 건조함을 잘 견딘다. 늪지에서 잘 자라는 유포르비아 팔루스트리스*Euphorbia palustris*도 13년 전부터 햇볕이 잘 드는 한 화단에서 무성하게 자라고 있고, 원래 태양 아래서 잘 자라는 루드베키아 풀기다*Rudbeckia fulgida* 보다도 건조함을 잘 견딘다. 정말이지 놀라운 일이 아닐 수 없다.

나는 단순하게 구성된 식물 디자인을 좋아한다. 그래서 아름다운 조합을 이루는 데 적합한 몇 가지 식물을 선택하고, 그 식물들이 화단에서 일 년 내내 돌아가며 꽃을 피울 수 있도록 구성한다. 단순한 것을 더 좋아하는 내게 풀은 디자인의 확고한 구성 요소이고, 화려한 여러해살이 꽃들을 둘러싸는 조용하지만 가볍게 움직이는 틀이다. 일 년 내내 아름다움과 우아함을 간직한 이 가냘픈 풀들은 섬세하게 조직되고 잘 굽어지는 잎과 흥미로운 꽃자루를 드러낸다. 또한 크기와 성장 형태가 매우 다양해서 각양각색의 정원 상황에 따라 사용하는 데 적합하다. 어떤 때는 표면을 고르게 뒤덮는 형태로, 어떤 때는 군집을 이루거나 단독으로 심어 식물들이 있는 곳에 섬세한 무늬를 짜 넣는다. 나는 여름과 가을의 화려하고 강렬한 색채가 빛을 잃고 난 뒤인 겨울의 풀을 특히 좋아한다. 많은 여러해살이 식물이 작은 갈색 무더기로 쇠락했을 때 풀은 매혹적인 겨울의 실루엣을 보이며 화단을 신비롭게 한다.

섬세하고 여린 풀들은 잎이 큰 식물들이나 잎의 형태가 특이한 식물들과 효과적으로 대비된다. 나는 식물을 심을 때 보통은 군집을 크게 이루게 하거나 표면을 뒤덮는 형태로 심는다. 이때 식물들이 너무 눈에 띄게 나란히 붙어 있지 않도록 신경을 쓰는데, 그렇게 심으면 지루하다는 인상을 주기 쉽기 때문이다. 의식적으로 굵직굵직하게 심어도 활기 있고 선명하며 매우 잘 짜이고 조화로운 모습을 얻을 수 있다. 이는 단독으로 심는 여러해살이 식물과 키 작은 관목들을 체계적으로 배치하는 것을 통해 가능하다. 이들은 세분화되고 짜임새 있는 모습을 만들어내고, 대부분 무성하게 밀집해서 자라는 식물들을 강조해준다. 이러한 과제들을 충족시키려면 두드러지는 부분, 일정한 부피, 선명한 자태와 같은 특징이 필요하다. 이를 위해서 나는 잎이 크고 노란색 꽃이 피는 텔레키아 스페키오사*Telekia speciosa*, 싱아*Aconogonon alpinum*, 또는 억새속*Miscanthus* 식물들을 즐겨 사용한다.

식물의 종류를 소수의 몇 가지로 제한하기 위해서는 사전에 주도면밀한 계획이 필요하다. 이때 견고하고 아름다우면서도 최대한 가꾸기 쉬운 식물 군락을 형성하는 것이 가장 중요하다. 그래서 생명력이 강하고, 오랫동안 아름답게 꽃이 피어 있고, 성장이 끝날 때까지 건강한 잎을 갖고 있는 여러해살이 식물을 눈여겨본다.

그런 이유에서 나는 항상 좋은 특징이 있는 미지의 새로운 식물들을 찾아다닌다. 때로는 여러 원예원과 자연 속에서 찾을 수도

있고, 때로는 동료들과 교환을 하거나 정원 전시회 작업을 하면서 직접 찾아내기도 한다. 그러나 원하는 식물을 찾았어도 그 양이 충분치 못할 경우가 많다. 그럴 때는 잘 알고 지내는 원예원에 연락해 새로 발견한 그 보물을 더 구해 주거나 번식시켜 달라고 부탁한다. 그런 뒤에야 비로소 화단의 새로운 구성을 계획하고 식물을 심을 수 있다.

모든 식물은 심고난 뒤에도 장기적으로 보살펴야 한다. 그래서 화단이 유지될 조건이 어떤 상황인지부터 사전에 철저하게 생각해야 하고, 거기에 맞춰 화단을 구상하고 식물을 선택해야 한다. 도시의 공원에서는 그 조건들이 모든 관점에서 몹시 '까다롭다.' 모든 것이 극단적으로 내구성이 강해야 하고, 식물들은 항상 건강하게 되살아날 수 있어야

한다. 나는 이런 상황에서 비슷한 경쟁 태도를 가진 식물들을 선택한다. 가지가 짧고 작은 여러해살이 식물은 촘촘하게 잘 짜인 양탄자를 만들고, 비슷한 식물들과 조화되어 가꾸기 쉬운 정원을 만들어준다. 그리고 적은 공간을 차지하며 밀집해서 자라는 식물도 잡초가 쉽게 올라오지 못하게 막아주며 정원 일이 너무 많아지지 않도록 해준다.

개인 정원에서는 조금 더 시간을 들여야 하는 식물을 선택해도 괜찮다. 가령 몇몇 제라늄 품종과 풍지초*Hakonechloa macra*, 피크난테뭄 무티쿰*Pycnanthemum muticum*, 큰까치수염*Lysimachia clethroides*처럼 잎이 아름다운 식물, 케팔라리아 기간테아*Cephalaria gigantea*, 아스터 마크로필루스*Aster macrophyllus*, 까실쑥부쟁이*Aster ageratoides*나 터키세이지*Phlomis russeliana*처럼 잎이 바닥에서 바로 올라오는 것처럼 보이는 식물, 유포르비아 코르니게라*Euphorbia cornigera*나 타나케툼 코림보숨*Tanacetum corymbosum*처럼 키 큰 식물들은 잘 짜인 식물 군락을 이룰 수 있다. 정원 주인이 수명이 짧은 식물이나 특정 한해살이 식물을 좋아하는 경우에도 나는 그 요구를 들어준다. 그럴 때는 강인한 여러해살이 식물들 사이에 적당한 자리를 골라 그 식물을 하나씩 심는다.

위
비비추속(*Hosta*)의 넓은 잎은
식물들의 생동적인 조합에
기분 좋은 휴지부를 제공한다.

●
오른쪽
늦여름이 되면 화단은
오래 지속되는 정점에 도달한다.
아름다운 풍경을 그려내는 풀들의
원추꽃차례(긴 꽃대에 여러 개의 꽃줄기가
어긋나게 달리면서 꽃이 피며,
꽃이 달린 모양이 전체적으로 원뿔형을 이룬다 -
옮긴이)는 겨울까지 달려 있다.

나는 식물을 선택할 때 식물의 구조가 중요한 기준 중 하나라고 생각한다. 버지니아냉초*Veronicastrum virginicum*가 좋은 예다. 이 식물은 싹이 틀 때와 꽃이 필 때, 심지어는 다 시들어서 죽고 난 겨울에도 꽃이 아름답다는 것을 넘어선 독특한 특징을 갖고 있다. 그래서 버지니아냉초를 다른 성장 형태를 보이거나 아스테르 에리코이데스*Aster ericoides*처럼 자잘한 꽃과 잎이 좀 더 널리 퍼지는 형태로 자라는 식물들과 대비를 이루게 심는다. 그러면 이 버지니아냉초의 구조가 더 뚜렷하게 드러나고, 꽃이 지고 난 뒤에도 긴장감이 넘치는 식물들의 구도가 생겨난다. 여러 가지 잎의 형태는 대비 효과를 효과적으로 만들어낼 수 있다. 양치류가 개병풍*Astilboides tabularis* 옆에서, 도깨비부채속*Rodgersia* 식물이 둥굴레속*Polygonatum* 식물 옆에서 자라는 모습은

매혹적이다. 그늘진 곳에서 형태가 아름다운 잎으로 흥미로운 조합을 만들어낼 수 있다.

키 작은 나무들과 단독으로 두드러지는 나무들은 특별한 위치를 차지한다. 이들은 대지를 분할하고 식물 군락의 지속적인 뼈대를 형성한다. 특히 대지가 잠시 비워진 듯한 인상을 주는 연초에 그 나무들의 진가가 드러난다. 여기에는 주로 화려한 가을 색으로 물들거나 멋진 장식처럼 탐스러운 열매가 달리는 나무, 늘 푸른 잎을 갖고 있거나 그림처럼 아름다운 모습으로 자라는 나무들이 사용된다.

때때로 식물을 가꾸는 일이 얼마나 행복한지 생각한다. 다채로운 색깔과 갖가지 형태와 크기로 그림을 그리는 화가처럼 나는 어떤 장소를 다양한 식물들로 새롭게 변신시킬 수 있다. 선명하거나 유희적인 분위기, 밝고 경쾌하거나 어두운 분위기를 만들어내거나 공간을 만들고 시점을 바꿀 수도 있다. 또는 구근 식물, 여러해살이 식물, 풀, 수목들의 생동감을 이용해 똑같은 정원에서 매번 새로운 그림을 그려낼 수도 있다. 얼마나 놀라운 특권인가!

1

낮게 자리한 잎이
넓은 풀들은 녹색
폭포처럼 보인다.

2

매력적인 정자는
사람들의 시선을 사로잡아
잠시 머물다 가라고
초대한다.

3

키 큰 풀들은 수직으로 층을
이루며 눈에 띄는 기준점을
형성하고, 놀랍도록 아름다운
햇살을 포착한다.

가장 좋아하는 식물은 무엇인가요?

가새쑥부쟁이 '마디바'*Kalimeris incisa 'Madiva'*, 펜스테몬 디기탈리스 '허커스 레드'*Penstemon digitalis 'Huskers Red'*, 비스토르타 암플렉시카울레*Bistorta amplexicaule* 를 특히 좋아합니다.

당신이 모든 화단에 애용하는 식물 조합은 어떤 것입니까?

표면을 구분하기 위해서 가는잎억새*Miscanthus sinensis 'Gracillimus'* 를 심고, 가장자리를 둘러싸는 용도로는 풍지초*Hakonechloa macra* 를 심습니다.

당신이 가꾸고 싶은 꿈의 화단은 어떤 모습인가요?

매번 다르게 꾸민 화단이죠.

초보자든 어느 정도 경력이 있거나 전문적인 정원사든 모든 정원사에게 없어서는 안 될 도구는 무엇인가요?

삽과 잘 드는 정원 가위입니다.

정원에서 항상 지니는 도구가 있습니까?

가끔씩 가지치기를 하거나 끝부분을 잘라주어야 하는 식물들이 있기 때문에 늘 가위를 갖고 다녀요.

일 년 내내 아름다운 정원을 가꾸기 위해서 가장 좋은 방법은 무엇일까요?

키 큰 여러해살이 식물은 적당한 시기에 3분의 1 크기로 잘라줘야 더 튼튼하게 자라고 더 풍성한 꽃도 얻을 수 있어요. 키 큰 참취속 꽃들과 베로니아 크라니타*Vernonia crinita* 나 꽃이 작은 해바라기 종류인 헬리안투스 미크로케팔루스*Helianthus microcephalus* 가 그렇습니다.

오랫동안 정원 일을 하면서 어떤 경험을 쌓았나요?

"연습이 장인을 만든다"라는 말이 있습니다. 식물들의 생존 욕구에 대한 이론적 지식은 기본적 토대로서 매우 중요합니다. 하지만 이렇게 얻은 지식을 통해서 한계를 시험하는 일은 매우 흥미롭고 새로운 자극을 주기도 해요. 또 식물을 다루는 일에 더 많은 창의성을 발휘할 수 있도록 만들어줍니다.

갑작스러운 상황 악화를 겪은 적이 있었나요? 그렇다면 거기서 배운 점은 무엇인가요?

그런 일은 아주 많았습니다. 심지어 구체적으로 어느 하나를 떠올릴 수 없을 정도로 많았습니다. 대부분 기대했던 일이 일어나지 않은 경우들이죠. 가령 어떤 식물이 잘 자랄 거라고 예상했는데 그렇게 되지 않는 거예요. 식물이 노균병에 걸렸다는 사실도 모른 채 전체적으로 건강하다고만 생각했기 때문이죠. 또 지하에 설치한 배수 시설을 믿고 전체적인 식재를 구상했는데, 그 시설이 제대로 작동하지 않는 바람에 식물들이 위험해진 경우도 있었습니다. 하지만 모든 나쁜 경험들도 결국에는 유익하고 귀중한 경험이 됩니다. 경험을 통해 얻은 깨달음이 다음번 계획에 반영되니까요.

정원과 정원 가꾸기는 당신에게 어떤 의미입니까?

이런 저런 조합을 시험하는 실험의 장이자 고객의 요구를 더 잘 알아내고 이야기할 수 있는 장소입니다.

당신이 개인적으로 꿈꾸는 정원은 어떤 모습인가요?

온갖 풀들이 물결치고 가을이면 형형색색으로 물드는 나무들이 있고, 그 가운데로 이어진 좁은 나무판자 길을 따라 가면 캐노피 침대가 놓여 있는 정원이요.

정원에 완벽한 자리를 만들려면 어떻게 하는 것이 좋을까요?

저는 정원 여러 곳에 기분에 따라 번갈아가며 앉을 수 있는 자리를 마련하는 걸 좋아합니다. 날이 뜨거울 때는 그늘에 앉아 쉬고 햇살이 좋은 봄에는 태양 아래 앉을 수 있는 자리가 있으면 좋죠. 앉을 자리가 여러 곳 더 있다면 정원을 각각 다른 시점에서 경험할 수 있다는 장점도 있습니다.

꼭 한번 방문해볼 만한 정원을 꼽는다면 어디일까요?

저는 하노버에 있는 베르가르텐 정원을 좋아합니다. 거기서 볼프강 외메를 자주 만났거든요. 많은 식물을 알게 된 곳도 그 정원에서였죠.

세계의 여러 정원들 중에 당신이 가장 좋아하는 정원은 어디인가요?

런던에 있는 큐 왕립 식물원과 국제 여러해살이 식물 협회원들과 함께 방문했던 스웨덴 옌셰핑의 멋진 정원들이 좋은 기억으로 남아 있어요. 또 초원이 있고 에키나시아*Echinacea* 를 재배하는 연구소가 딸린 시카고 식물원도 무척 좋았습니다. 그곳들은 모두 식물에 역점을 둔 공원들이었고, 저는 거기서 새로운 것들을 많이 발견할 수 있었습니다.

당신이 오랜 세월 정원을 가꾸면서 터득한 좋은 방법들이 있다면 무엇인가요?

저는 비교적 큰 집단을 이룰 수 있도록 식물을 심는 편입니다. 제곱미터당 약 다섯 개에서 여덟 개씩이죠. 그러면 땅을 빨리 뒤덮어서 바닥이 보이지 않고 가꾸기도 수월하거든요.
또 잎이 아름다운 강인한 식물들을 선택합니다. 거름을 주거나 막대기로 받쳐줄 필요가 없고, 나누거나 그 외의 특별한 관리가 필요 없는 식물들로요.
구근 식물은 무더기로 심곤 합니다. 보통 한꺼번에 화단으로 높이 던져 퍼뜨린 다음 땅속에 심어주죠. 이상하게 보일지 모르겠지만 자연스럽게 분배하는 방법입니다.
풀은 어느 한 구역을 완전히 뒤덮어 심기도 하고, 집단으로, 혹은 단독으로 심습니다. 그러면 여러해살이 꽃들을 위한 아름다운 테두리를 얻을 수 있답니다.

흙을 딛고 사는 자유로운 삶

하이케 봄가르덴

하이케 봄가르덴 Heike Boomgaarden 은 세 아이의 엄마이자 한 남자의 아내이고, 전문적인 원예가이자 열정적인 요리사이며, 공영 방송 ARD와 SWR의 인기 있는 진행자이자 독일 원예 협회의 식물 홍보 대사이다. 그 밖에도 여러 신문과 잡지에 식물과 관련된 다양한 칼럼을 쓰고 있으며, 정원과 관련된 책들을 출간해 많은 성과를 거두었다. 최근에 나온《자연 그대로의 하이케 - 나의 정원 시절》도 그중 하나이다. 하이케 봄가르덴은 젊은 시절 한동안 이스라엘에 머물며 채소 재배 프로젝트에 동참했다. 키부츠 집단 농장 운동과 비슷하게 공동으로 경작하고 공동으로 수확하는 형태였다. 이 프로젝트로 정원사들은 황무지도 채소밭으로 바꿀 수 있었다. 이 시기의 체험은 모두가 함께 돌보면 도시의 황야와 유휴지에도 꽃을 피울 수 있다는 생각을 그녀에게 깊이 심어주었다.

"제비꽃을 뽑고 케일을 심자." 하이케 봄가르덴은 이런 생각으로 라인 강변의 정취 있는 소도시 안더나흐의 공공녹지를 가꾸기 시작했다. 그녀는 배추와 케일 모종이 든 상자와 삽으로 무장한 채 길을 나섰고, 게릴라 정원을 가꾸듯 도시 녹지 내 버려진 화단들을 돌며 비용이 많이 드는 계절 꽃들 대신 먹을 수 있는 채소를 심었다. 그런 그녀를 보고 이단자인가 정원 천사인가라는 논란이 일었지만, 여론은 빠르게 열정적이고 매력적인 정원사인 그녀 편으로 돌아섰다. 2010년부터는 안더나흐 주민들도 자발적으로 동참해 잡초를 뽑고, 식물을 심고 가꾸고 수확하고 있다. 그들은 자신들이 도시 정원 가꾸기라는 완전히 새로운 운동의 선구자라는 사실에 자부심을 느끼고, '먹을 수 있는 도시'를 갖고 있다고 말한다. 녹색 도시 안더나흐는 오늘날 '도시 농업', 즉 도시 내에서 유용 식물을 재배하는 혁신적인 곳으로서 많은 사람이 순례하는 중심지가 되었다. 그래서 2012년 유럽 화훼 연합이 주관하는 대회에서도 금메달을 받았다. 당시 안더나흐 시는 식물이 꽃을 피우면 인간도 활력을 얻는다는 모토에 따라 "안더나흐는 먹는다"라는 혁신적인 아이디어를 발표했다. 도시 녹지가 식탁을 꾸미기 시작한 것이다.

하이케 봄가르덴의 정원 세계를 관통하는 핵심은 정원을 지속가능하게 경영하고 거기에 인간을 동참시켜야 한다는 확신이다. 이러한 확신은 2007년부터 안더나흐 아이히에서 시작된 영속 농업 Permaculture 을 통해 매우 성공적으로 실현되었다. 영속 농업은 공동체의 성과로서 생태학적-경제적 경작이 이루어지는 비산업적 농업으로 정의된다. 영속 농업은 인간과 식물과 동물이 활기찬 균형을 이루며 살아갈 때만 조화로운 공동생활을 지속할 수 있다는 사실을 강조한다. 안더나흐의 '생활 세계 프로젝트'는 그러한 멀티 기능을 실현한다. 장기 실업자들은 안정적인 직업을 알아가고, 아이들은 먹을 수 있는 자연의 기적을 체험하고 배우며 건강한 과일과 채소를 수확한다. 여기서는 모두가 이익을 얻는다.

하이케 봄가르덴은 인간과 자연의 힘을 하나로 모으는 유익하고 총체적인 프로젝트의 전문가로 발전했다. 그녀는 자신의 사무실 '베젠틀리히 Wesentlich (독일어로 '본질적'이라는 뜻이다 - 옮긴이)'에서 사회적 관점에서 출발한 도시 녹지에 완전히 새로운 차원을 부여하는 모델을 항상 구상하고 있다. 상황 판단이 빠른 회사들은 이미 그러한 메시지의 힘을 인식해서 그녀에게 회사의 이미지를 높일 수 있는 정원 프로젝트를 맡기고 있다. 그런 정원은 의미 있고 지속적이며, 매일매일 수확의 기쁨을 누리게 해 인간에게 긍정적인 삶의 감정을 선사한다.

봄가르덴은 네덜란드어로 과수원을 뜻한다.
이 이름은 뛰어난 과수 재배 정원사가 될 운명으로 그녀를 이끌었을 것이다.
매력 넘치는 그녀에게는 웃음을 전염시키는 능력 이상의 무언가가 있다.

정원은 우리와
함께 성장한다.
때때로 한쪽 눈을 감고
정원의 아름답고
작은 사물들을
유심히 관찰해본다.

123

자유와 흙은 내 삶과 평생 함께 할 두 가지 개념이다. 이는 분명 내가 태어난 오스트프리슬란트의 유전자와 관련이 있다. 오스트프리슬란트는 수백 년 동안 그 어떤 중앙 권력의 지배도 받지 않았기 때문이다. 12세기와 13세기에는 이미 프리슬란트 자유민들은 지방 공동체를 조직했고, 그 공동체 내에서 모든 구성원이 농민이든 상인이든 성직자든 원칙적으로 동등했다.

나는 하이델베르크 프리츠 슈베르트 연구소에서 행복을 가르치는 교사가 되기 위한 교육을 받았다. 그 과정에서 자유와 흙을 딛고 사는 삶이 내가 하는 일과 어떤 관계에 있는지 분명히 깨달았다. 한 인간이 본질적인 행복을 느끼려면 제대로 기능하는 사회적 관계망 내에서 자기 주도적으로 삶을 살아갈 때 가능하다. 그러한 삶의 모토는 다음과 같다. "삶이 너에게 무엇을 원하는지 알려 하지 말고, 네가 너 자신의 삶을 어떻게 만들어 나갈지 생각하라!"

나는 정원사로 일하는 동안 우리가 종종 낡은 구조 속에서 생각하고 있고, 삶의 공간들이 도구화되어 더 이상은 인간의 욕구에 합당하지 않다는 사실을 깨닫게 되었다. 우리의 삶을 가만히 들여다보면 이해와 적극적인 설계보다는 갖가지 규정과 규칙에 더 좌우되기 때문이다. 우리는 더 이상 땅을 가까이 하지 않고 머리로만 살아가고 있다. 얼마나 안타까운 일인가.

그래서 나는 정원을 가꾸는 방식을 바꾸었다. 즉 정원 가꾸기를 온전히 즐기는 것이 내 모토가 되었다. 내 생각에 정원은 바꿀 수 있는 것들이 있다는 사실을 누구나 피부로 느끼는 장소다. 또한 우리가 영향을 미칠 수 없는 다른 것들도 받아들여야 한다는 점을 체감하는 장소이기도 하다. 정원에서 일할 때 나는 자연적인 계절의 변화 리듬에 묶여 있고, 거기에 맞춰 씨를 뿌리고, 가꾸고, 수확하고, 그리고 휴지기를 갖는다. 그리하여 인내심을 제대로 배우게 된다. 씨를 뿌리고 나면 식물은 싹이 트고, 꽃이 피고, 열매를 맺는다. 이 모든 과정을 재촉할 수는 없고 그저 관찰만 할 수 있다. 시간에 대한 의식이 상대화되고, 점점 더 정신없이 돌아가는 세계 속에서 느림을 경험한다.

정원은 우리와 함께 발전한다. 때로는 정원을 가꾸는 방식에 저절로 순응하는 아름답고 작은 사물들을 유심히 관찰해볼 만하다. 붉은색과 하얀색 장구채 꽃이 장미꽃 뒤로 은은하게 피어나거나 야생 당근이 꽃밭의 짜임새를 형성하면 놀랍도록 아름다운 정원의 모습이 나타난다. 그 모습은 쐐기풀이 비집고 들어가 자란 내 꽃상자들 중 하나를 떠올리게 한다. 모두들 그 상자에 주목하는데, 비집고 들어간 쐐기풀이 꽃들 틈에서 동반 식물로서 매우 아름다운 모습을 보여주기 때문이다.

풀들이 너무 많아지면 뽑아내면 된다. 그러면 새로운 풀이 그 자리를 채운다. 나는 정원을 디자인할 때 앞뜰을 굉장히 중시한다. 앞뜰은 그 집에 사는 사람들의 개성을 표현하기 때문이다. 생동감 넘치고 좋은 향이 나도록 꾸민 앞뜰은 거주자와 방문자들에게 진심어린 환영 인사를 보낸다. 따라서 앞뜰은 항상 거주자의 개성을 반영해야 하고 생기가 넘쳐야 한다. 우리는 앞뜰이 다시 활기를 찾고 아름다운 형태를 뽐내도록 만들어야 한다. 우리의 도시와 마을들을 보다 더 인간적인 모습으로 가꾸기 위해서라도 말이다. 안타깝게도 우리의 도시들은 비용 절감의 압박으로 인해 공공녹지를 제대로 가꾸지 못한다. 그러나 다행스럽게도 다른 방식은 가능하다. 내가 추진한 '먹을 수 있는 도시' 안더나흐 프로젝트처럼 말이다. 도시가 모든 생명을 위한 공간이 되

●
위
'녹색 도시 안더나흐' 성 주변의
연못 자리는 여러 식물로 활기가 넘친다.
기슭의 포도나무와 공동 채소밭에서
누구나 작물을 수확할 수 있다.

도록 해야 한다. 이상적으로 들릴 수도 있고 실제로 그런 측면도 있긴 하지만, 일어나지도 않은 이런저런 일들을 미리부터 걱정하고 의심하면 우리는 한 걸음도 앞으로 나아가지 못한다. 언젠가 이런 말을 한 친구가 있다. 가꾸고, 발을 들여놓고, 수확하게 하라는 삶의 모토가 실현되는 도시는 철학이 있는 멋진 도시라고 말이다. 우리가 자연의 순환에 순응하면 자연은 우리에게 풍부한 선물을 안겨준다. 자연은 우리가 신을 만날 수 있는 장소가 된다. 신은 인간이 무엇인가 선사받는 모든 곳에 있기 때문이다. 오로지 순전한 즐거움과 기쁨에서 말이다.

아름다움에 대한 감정은 우리가 체험한 아름다운 일들과 관계가 있다. 어렸을 때 나

는 학교를 마치고 집으로 갈 때마다 꽃을 꺾어서 꽃다발을 만들었다. 어떤 날은 아주 작게 만들었고 어떤 날은 크게 만들었다. 도시에 사는 아이들과 어른이라고 그렇게 하지 말아야 할 이유가 있을까? 우리는 도심 유휴지를 그대로 내버려두지 않고 씨를 뿌려 꽃섬으로 만들 수 있다. 그러면 꽃의 향기와 다채로운 색이 나비뿐만 아니라 우리도 즐겁게 할 것이다. 나는 이와 관련해서 더 많은 관용이 필요하다고 생각한다. 우리는 시민 정원이라는 구상을 통해서 도시와 그 주변에서의 공동생활을 위한 새로운 사회적 형태를 발전시킨다. 익숙한 '출입 금지' 푯말 대신 갑자기 '따도 괜찮습니다'라고 적힌 푯말이 꽃다발 하나 만들어가라고 유혹한다. 아직은 씨를 뿌리지도 않고 갈퀴질도 한번 하지 않은 사람이 수확을 한다는 걸 많은 사람이 낯설게 생각한다. 그러나 우리의 경험은 그런 일이 가능함을 보여준다. 작고 한눈에 들어오는 테두리 안에서는 익명의 대규모 조직체에서보다 모두가 책임감을 가질 수 있기 때문에 약탈과 파괴도 없어질 것이다. 이제 도시는 다시 삶의 중심지로 체험될 수 있다.

어쩌면 낙원에서의 삶과 아주 조금은 비슷하지 않을까. 나는 정원사로서 에덴동산을 아름다운 것의 영원한 계시로 생각한다. 그러나 내 존재의 아주 깊숙한 곳에서는 인류가 에덴동산에서 추방되었다는 것에 문제가 있다고 느낀다. 나는 우리가 낙원을 빼앗긴 것이 아니라 단지 더 이상 보지 못할 뿐이라고 생각한다. 혹은 우리가 추방을 피할 수도 있었을 거라고 생각한다. 이브가 시험의 나무에서 사과를 따라는 유혹을 받았을 때 직접 자신의 사과나무를 심었더라면 더 좋았을 것이다. 그랬다면 아담과 이브는 계속 낙원에 머물렀을 테고, 오늘날 우리 인간도 이곳 지상에서 훨씬 더 낙원 같은 삶을 살고 있었을지 모른다.

그 때문에 내가 가장 관심을 두는 부분 중 하나는 녹색 교육이다. 모두가 일이 돌아가는 상황을 안다면 좌절하지 않을 것이고, 다채롭고 맛도 좋고 생동적인 것에 대한 기쁨이 커질 것이기 때문이다.

물론 그보다 아름다운 건 모두 함께 세상을 더 다채롭게 가꾸는 일이다. 내가 무척 소중하게 생각하는 프로젝트 중 하나는 두덴호펜 어린이 병원에 각종 식물이 우

●
위
라인 강변의 소도시 안더나흐에서
공공녹지를 활용해 먹을 수 있는 채소를
심기 시작한 운동은 큰 반향을 불러일으켰다.
팻말은 '자연 정원-우리를 건강하게
하는 것을 건강하게 지켜라-안더나흐'

●
오른쪽
아스테르 아멜루스(*Aster amellus*)와
프렌치메리골드(*Tagetes patula*)로
어여쁘게 장식된 억센 케일.
유용한 것이 꽃과 결합되어 있어
한 화단에서 아름다움과
좋은 맛을 함께 느낄 수 있다.

거진 어린이 정원을 조성하는 일이었다. 이러한 활동은 자연을 자라게 할 뿐만 아니라 공감 능력도 키워준다. 우리는 여기서 많은 봉사자들과 함께 정원을 가꾸고 있다. 불치병에 걸린 아이들의 형제자매가 이 정원에서 자연과 직접적으로 접촉하여 다시 힘을 얻고 있다.

내 꿈은 온 국민들이 힘을 단합하여 살아 숨 쉬는 녹지 공간을 더 많이 만들 수 있도록 새로운 매체를 적극 활용하는 것이다. 나는 대도시에서 짧게 펼쳐지는 '플래시몹'을 상상한다. 그러니까 서로 전혀 모르는 사람들이 버려지고 방치된 장소들에 자발적으로 몰려와 예쁜 화단을 만들어 시민들에게 선사하는 진기한 일을 행하는 것이다. 이런 일은 매우 흥미로운 결과를 가져올 뿐만 아니라 삶의 문화를 더욱 풍요롭게 할 수 있다.

1

강낭콩은 풍부한 양을 수확할 수 있고, 강낭콩의 고풍스런 뼈대는 '좋았던 옛 시절'을 떠올리게 한다.

2

홑꽃들과 꽃의 꿀샘에서 나오는 화밀은 부지런한 벌들에게 맛 좋은 꿀을 만들 풍부한 양식을 제공한다.

3

한련 꽃잎은 겨자처럼 강하게
쏘는 향이 있고 치유력도
있다고 한다.

4

돌은 낮 동안 태양의 온기를
저장했다가 밤에는 주변에
있는 식물에 온기를 준다.
일종의 자연 난방이다.

가장 좋아하는 식물은 무엇인가요?

제가 가장 좋아하는 식물은 사과나무, 허브, 부들레야*Buddleja*, 달리아, 에키나시아*Echinacea*입니다. 이 식물들로 항상 굉장히 아름다운 부가적 가치를 얻을 수 있답니다.

당신이 모든 화단에 애용하는 식물 조합은 어떤 것입니까?

구근 꽃과 여러해살이 식물, 풀들을 조합하면 항상 가장 아름다운 화단을 만들 수 있어요.

사시사철 매력적인 정원을 갖고 싶다면 어떤 식물을 심는 게 좋을까요?

화단이 일 년 내내 조화롭게 보이려면 장식적인 잎을 가진 식물도 항상 있어야 해요. 이 식물들이 봄, 여름, 가을 사이에 꽃이 피지 않는 공백기를 메워주거든요.

당신이 가꾸고 싶은 꿈의 화단은 어떤 모습인가요?

여러해살이 식물을 기본으로 해서 똑같은 색의 구근 꽃들이 가득하고, 그 때의 유행을 보여주는 한해살이 꽃으로 가치를 높이거나, 색을 새롭게 조합한 화단이에요.

초보자든 어느 정도 경력이 있거나 전문적인 정원사든 모든 정원사에게 없어서는 안 될 도구는 무엇인가요?

저는 괭이라고 생각해요.

정원에서 항상 지니는 도구가 있습니까?

둥근 정원용 가위요.

일 년 내내 아름다운 정원을 가꾸기 위해서 가장 좋은 방법은 무엇일까요?

가장 좋은 방법은 항상 밖에서 실제로 작업을 할 때 떠올라요. 현장에서 주변을 정확하게 관찰할 수 있을 때면 매번 근사한 아이디어가 떠오르죠.

오랫동안 정원 일을 하면서 어떤 경험을 쌓았나요?

저는 정원사로 일하는 동안 자연을 주의 깊게 관찰하는 법을 배웠습니다. 다시 말해서 자연과 하나가 되어 느낄 때 가장 아름다운 정원을 만들 수 있다는 뜻이죠. 올바른 자리에 올바른 식물을 심고, 그 지역에 맞는 품종을 선택하고, 매번 새로운 정원 상황에 적응해야 합니다. 나무와 관목은 계속 자라고 빛과 그늘은 시간과 함께 변하면서 정원에 심은 식물들도 달라지죠.

갑작스러운 상황 악화를 겪은 적이 있었나요? 그렇다면 거기서 배운 점은 무엇인가요?

연못을 만들다가 가장 어려운 상황에 빠진 적이 있었습니다. 그때 동료 전문가들과 자주 소통하며 정보를 나누어야 한다는 걸 배웠죠.

정원과 정원 가꾸기는 당신에게 어떤 의미입니까?

정원은 제게 작은 천국입니다. 정원 가꾸기는 땅에 발을 붙이고 사는 가장 아름다운 방법이에요.

정원에 완벽한 자리를 만들려면 어떻게 하는 것이 좋을까요?

정원에서 가장 완벽한 자리는 아름다운 나무 아래 놓인 해먹이라고 생각해요. 그 주변으로는 좋은 향이 나는 식물들이 가득하고요.

꼭 참석하는 정원 페스티벌이나 행사가 있나요?

이펜부르크 성에서 열리는 정원 축제는 포기할 수 없죠.

꼭 한번 방문해볼 만한 정원을 꼽는다면 어디일까요?

바인하임에 있는 헤르만스호프 전시 정원입니다. 방송 때문에 바덴바덴에 갈 때면 항상 그곳을 들르곤 하죠. 안더나흐에 있는 영속 농업 정원도요. 이곳은 제 집이나 마찬가지예요.

세계의 여러 정원들 중에 당신이 가장 좋아하는 정원은 어디인가요?

제가 가장 좋아하는 정원이 어디라고 말하는 건 어렵겠네요. 저는 아름다운 정원을 방문할 때마다 열광하고 제 마음을 움직이게 하는 것들도 매번 달라요. 그러면 그곳이 가장 아름다운 정원이라고 생각하죠. 하지만 다음에 또 다른 정원에 가면 다시 똑같은 일이 반복된답니다.

그래도 한 곳만 꼽자면 프로방스 지방의 정원들에서 특히 깊은 인상을 받았고, '연금술사의 정원*Le Jardin de l'Alchimiste*'이라는 개인 정원은 꼭 한번 둘러볼 만한 곳이에요. 그 이름에서 이미 암시하듯이 이 정원에서는 식물과 돌, 나무의 색과 형태에서 연금술이 마법 같은 상호작용 속에서 표현되고 있습니다. 주제별 정원들인 태초의 길, 마법의 정원, 연금술의 정원은 각각 검은 마법과 하얀 마법, 붉은 마법을 상징적으로 나타내죠.

뤼베롱 산악 지대의 남쪽 말단에 위치한 샤토 발 조아니스 정원은 매우 다르지만 놀랍도록 아름다운 정원 문화의 향유를 느낄 수 있어요. 이 정원은 2008년에 '올해의 프랑스 정원'으로 선정되었고, 갖가지 꽃들의 조합과 수목과 허브가 어우러진 모습이 매혹적이에요.

정원은 열정이다

아냐 마우바흐

아냐 마우바흐 Anja Maubach는 독일어권에서 매우 중요한 정원 전문가 중 한 명인데, 이는 그녀의 개인적인 삶 자체와 뿌리 깊은 관련이 있다. 아냐 마우바흐의 증조부는 여러해살이 식물 재배로 유명한 게오르크 아렌츠다. 그는 1888년 부퍼탈 론스도르프에 원예원을 설립했고, 지금은 아냐 마우바흐가 그 원예원을 4대째 성공적으로 운영하고 있다. 게오르크 아렌츠가 재배한 아렌츠노루오줌 Astilbe × arendsii 'Arends' 같은 여러해살이 식물은 오늘날 머나먼 뉴질랜드에서도 정원사들의 눈을 반짝거리게 만든다. 유서 깊은 원예원에서 성장한 아냐 마우바흐는 자신의 아버지처럼 여러해살이 식물 정원사 겸 조경가가 되었다. 그녀는 선조들의 위대한 발자취를 단순히 따르는 것에 만족하지 않았고, 영국 정원의 신선한 바람 속에서 자신을 자유롭게 발전시키며 자신만의 길을 찾고자 했다.

아냐 마우바흐는 영국에 머무는 동안 정원이 식물과 전체의 짜임새 그 이상이라는 점을 깨달았다. 그녀가 보기에 모든 정원은 각각의 영혼을 갖고 있다. 정원은 정원을 가꾸고, 정원에서 살아가고, 정원을 열정으로 여기는 사람들과 긴밀하게 얽혀 있다. 그녀는 이러한 생각을 품은 채 방랑의 시기를 보내며 학습을 마치고 1990년에 고향 '론스도르프의 꽃 피는 언덕'으로 돌아왔다. 가족이 운영하는 여러해살이 원예원은 전통적인 색채가 강했지만 그녀의 활기차고 선구자적인 작업과 새로운 아이디어 덕분에 서서히 바뀌어 나갔다. 종종 거센 반대에 부딪힐 때도 있었지만 그녀는 용기와 끈기와 능숙한 솜씨로 극복했다. 그녀가 집필한 《여러해살이 식물 교본》은 식물을 올바르게 가꾸고 돌보는 데 필요한 모든 내용이 망라된 책으로, 권위 있으면서도 매력적인 '정원의 성서'와도 같다. 젊은 나이에 경영자가 된 아냐 마우바흐는 자신이 물려받은 원예원에 매우 특별한 분위기가 있다는 것을 깨달았다. 그래서 섬세한 감정과 자연스러운 아름다움을 파악하는 뛰어난 감수성으로 이 특별한 곳을 조심스럽게 발전시켜 나가며 자신의 개인적인 특색을 입히기 시작했다. 아냐 마

우바흐는 1998년에 원예원 경영에 대한 모든 책임을 넘겨받았다. 아렌츠 마우바흐 여러해살이 원예원은 이제 그녀의 이름으로 불릴 뿐 아니라 곳곳에 그녀의 개인적인 흔적들이 묻어나고 있다.

수많은 방문객과 고객들은 수년 전부터 그곳의 마법에 빠졌다. 그들에게는 아냐 마우바흐의 정원 세계가 순례지와 같았다. 식물과 정원에 대한 조언을 얻든, 정취 있는 '티타임'을 즐기고 정원과 원예원을 산책하든, 사람들은 이곳에서 다양한 영감을 받고 돌아간다. 아냐 마우바흐는 정원 디자이너로서 고객들의 정원을 개인적이면서도 지속가능한 곳으로 구상하는 것을 실현시키기 위해서 직접 현장에 찾아가서 조언한다. 그녀의 정원 학교에서는 참가자들에게 구체적이고 영양가 있는 지식을 전달한다. 참가자들은 정원을 자신들의 감정 세계로부터 관찰하는 방법과 정원에 펼쳐진 생생한 창조를 향유하는 방법을 배운다.

아냐 마우바흐는 국제적인 정원 전문가들과 활발하게 교류하고 있다. 가령 영국의 대표적인 정원 디자이너 톰 스튜어드 스미스와 캐나다의 식물 전문가 댄 힝클리 등이다. 그들은 기꺼이 론스도르프를 찾아와 매혹적인 강연을 한다. 이 행사는 열성적인 정원 애호가들 사이에서 열렬한 지지를 얻고 있다. 아냐 마우바흐는 정원이 가진 감각적 측면에 대한 인식을 일깨운다. 살아 있는 예술 작품의 섬세한 감각 영역으로 들어가 정원의 모든 측면을 인지하고, 체험하고, 향유하라고 초대한다.

아냐 마우바흐를 개인적으로 만나서 이야기할 행운을 가진 사람은 그녀가 숙련된 정원 전문가라는 사실을 단박에 느낄 수 있다. 그러나 그녀는 전문가 그 이상이고 진정한 정원 예술가다.

> 아냐 마우바흐가 삶의 모토로 여기는 "정원은 열정이다"라는 말은 2011년 독일 정원 도서상을 수상한 그녀의 베스트셀러 책의 제목이기도 하다.

내 영혼의 정원

우리 원예원의 로고는 목성의 천문 기호와 동일하다. 나는 종종 증조부가 선택한 그 표지가 무슨 의미일지 생각한다. 숫자 24와 관련된 걸까? 낮이나 밤이나 가리지 않고 24시간 동안 일한다는 걸까? 그 생각은 마음에 든다. 그렇게 볼 때 나는 밤낮으로 제우스와 함께 있다. 제우스는 여러해살이 식물의 수호신이다. 그 점도 마음에 든다. 하필이면 작고 여린 여러해살이 식물이 유일한 식물 종으로서 저 청명한 하늘을 밝히는 빛, 번개와 천둥을 불러오는 신의 '보호'를 받는다니 말이다.

매일, 그리고 매년 빠짐없이 하루는 24시간이다. 나는 24시간 동안 대자연을 섬긴다.

아침 햇살 속에 하루를 맞이하고 해돋이를 향유한다. 아침에 피어오르는 연기. 부탁과 소망을 동반한 유익하고 기분 좋은 냄새. 이른 아침의 차 한 잔. 나는 푹 쉬고 일어나 가운을 걸친 채 아침이 주는 자극을 맞이하러 나간다. 아침 이슬을 밟으며 산으로 향한다.

밝은 햇살 속의 낮에 정원 가꾸기를 시작한다. 식물을 돌보고, 식물들의 홍보 대사가 되는 시간이다. 맡은 바 역할을 하고 활동하는 시간이다.

저녁노을 속에서 5시에 마시는 차와 함께 태양과 작별한다. 6시에는 원예원의 문을 닫는다. 하루의 일을 끝마치고 나면 나만의 자유 시간을 누린다. 정원을 지나는 길에 증조부가 심고 내 평생을 함께한 유럽너도밤나무와 이야기를 나눈다. 향을 피우고 지난 하루에 감사하는 의식을 치른다.

이제 다음날 아침 6시까지 이어지는 12시간이 시작된다. 나와 내 영혼이 내 정원에 있는 동식물과 밤의 자유를 누리며 온전히 홀로 있는 시간이다.

내가 언제부터 저녁의 정원을 발견하기 시작했는지는 모르겠다. 정원과 원예원은 수년 동안 일상적인 노동과 수고의 장소였다. 어쩌면 내 영혼이 나를 이끌어 나와 영혼이 낮이나 밤이나 즐겁게 거닐 수 있는 나만의 정원을 만들게 했을 것이다.

나는 집을 지을 필요는 없었다. 그래서 갖가지 방이 있는 정원을 만들었다. 기대에 찬 즐거움을 느낄 수 있는 정원. 가만히 누워서 휴식을 취하고, 식사하고, 연구하고, 살아가는 정원. 나는 녹색의 살롱에서 저녁을 보낸다. 의자에 앉아 달빛을 본다. 가장 좋아하는 안락의자에 앉아 스웨터 차림에 담요를 두른 채 매일 변화하는 빛의 상태와 달의 행로를 관찰한다. 집안에는 개방된 화덕이 없어서 밖에 나가 불가에 앉아 있는 걸 좋아한다. 그러다가 원예원으로 저녁 산책을 나간다. 혼자서 고요하고 드넓은 하늘과 자유를 만끽한다. 하늘의 광경을 본다. 모든 것을 다른 빛 속에서 본다. 잡념을 뽑아 버린다. 길을 따라 있는 정원의 모습은 해가 갈수록 성장했다. 그곳은 푸름 속으로, 푸르스름한 시간으로 들어가는 나의 길이 되었다. 그 길의 양 옆으로 네페타 파세니 '워커스 로우'*Nepeta × faassenii* 'Walkers Low'가 피어 있고, 나는 9월 화단을 지나고 잔디밭 둘레와 풀 정원을 지나 원예원의 정점인 '론스도르프의 꽃 피는 언덕'까지 간다. 그 이름은 1913년에 나온 한 간행물에서 발견했는데, 맞는 말이다. 이곳은 정말 아름답다.

내 영혼은 나를 가만히 놔두지 않는다. 바깥 공기를 흠뻑 들이마시고 싶어 한다. 드디어 좋은 장소를 찾는다. 나와 영혼은 천국에서처럼 벌거벗은 채 정원에 서 있다. 바람과 태양과 달이 더없이 근사하다. 식물들이 나를 건드린다. 내 피부를 스친다. 나는 매일 밤 맨발로 이리저리 거닐기 시작한다. 가벼운 옷차림으로. 나는 다른 파장, 이를테면 직관적인 달빛을 민감하게 받아들이고 싶다. 맨발로 땅을 밟는다. 땅에 발이 닿는 건 내게도 좋고 땅에도 좋다. 그래서 아주 부드럽고 조심스럽게 이리저리 한가로이 걷는다. 발길 닿는 대로 달돋이 의식을 치른다. 하늘을 향한 모든 소망을 연기로 태워 보낸다. 달의 여신 '루나'가 내 영혼의 정원을 달빛으로 가득 채운다. 밤의 어둠 속에서 식물들의 모습이

● **오른쪽**
부퍼탈 론스도르프에 있는 아렌츠 마우바흐 여러해살이 식물 원예원은 125년 동안 운영된 가족 기업으로, 여러해살이 식물을 좋아하는 사람들에게 매우 특별한 즐거움을 선사한다.

드러난다.

내 영혼은 계속해서 꽃 피는 언덕 꼭대기로 향한다. 이곳에 돌에 새겨진 주변을 '둘러보는' 지점이 있다. 내게, 그리고 대지의 어머니에게 경혈과 같은 곳이다. 좋은 에너지를 주고받는다. 영혼은 계속 나아가기를 원한다. 나는 정원에서 잠을 자고 쉴 만한 장소를 찾는다. 나는 꽃밭으로 들어가 몸을 눕힌다. 사랑스러운 향기를 품은 꽃다발을 든 것 같다. 제어되지 않은 자연의 풍부한 향이 피어오른다. 유혹적이고 매력적이다. 거리낌 없는 상호 작용이다. 기분 좋은 향내를 풍기는 사랑하는 내 정원이 나를 감싼다. 밤의 숨결이 느껴진다. 나는 조심스럽게 주의를 기울인다.

밤의 색채, 밤의 소리, 밤의 향기를 품은 여행이 계속된다. 길을 따라 넓은 여러해살이 화단을 위한 공간이 펼쳐진다. 어두운 녹

색의 주목 울타리가 '하얀 정원'으로 초대한다. 나는 1990년에 처음으로 시싱허스트 캐슬 정원에서 하얀 정원을 만났다. 저녁 시간에 초대를 받아 정원에 들어갔을 때 어스름한 빛의 마법과 하얀 꽃들의 저녁 축제가 펼쳐졌다. 나는 저녁 시간을 위한 정원을 가꾼다는 생각에 열광했다. 검은승마 *Cimicifuga racemosa*, 촛대승마 *Cimicifuga simplex*, 눈빛승마 *Cimicifuga dahurica* 로 사랑의 정원이 탄생한다. 아름다움에 대한 공동의 사랑은 우정과 사랑의 밤을 위한 가장 깊은 토대다. 모든 나무가 애인이다. 식물들이 펼치는 밤의 무대로 들어선다. 밤은 다양한 색채와 명암을 갖고 있다. 하얀 정원을 가꾸기 시작한 지 2년째 되던 어느 여름날 저녁, 드디어 하얀 정원이 내 앞에 펼쳐졌다. 하늘의 관람석에서 박쥐들의 박수갈채가 터져 나왔다. 웅장하고 화려했다. 곳곳에 시싱허스트 캐슬 정원이 모습을 드러냈다. 나는 밤에 정원과 원예원을 돌아다니는 걸 좋아한다. 식물들의 거처에서 뜨거운 여름날을 보낸 식물들에 물을 줄 때 아주 느낌이 좋다. 생기를 주고, 더위를 식혀 주고, 성장을 촉진시킨다. 내게는 매번 새로운 인상과 뜻밖의 놀라움을 선사하는 연관성이 생긴다. 청명한 보름달이 떠오른 밤에 모든 것이 달빛에 잠긴 모습을 바라보는 건 황홀하다. 밤에 정원을 가꾸고, 씨를 뿌리고, 식물들과 함께 있는 건 더없이 좋은 경험이다. 정원 일을 시작하면 나는 흙과 하나가 된다. 인내와 고요와 행복이 찾아온다. 나는 식물의 맥박과 가까워지는 걸 느낀다. 식물들의 자극과 삶의 기쁨, 생명력을 느낀다. 마치 식물들의 본질과 하나가 된 것 같다. 보석 같은 식물들의 인력과 작용, 자연의 원초적 힘을 느낀다.

왼쪽
높은 곳까지 피어난 진달래꽃.
춤추는 비비추들의 잎.
천상의 푸름으로 마음을 사로잡는 아이리스.
반짝이며 빛나는 촛대승마.
이들 모두가
정원의 기쁨에 바치는 찬가다.

아래
밤의 불빛은 정원에
마법을 불러일으킨다.

141

1

무성한 관목과 다채로운
가을 색으로 물든 나무들이
색채가 강조되는 근사한
풍경을 선사한다.

2

검은승마, 촛대승마,
눈빛승마는 무한한 여름밤을
환하게 밝히는 햇불이다.

3

우아한 곡선의 주목 울타리는
뼈대를 견고하게 하고
여러해살이 화단의 녹색 배경을
생동감 넘치게 한다.

4

버지니아냉초는
특히 밤에 화려한 촛대처럼
보인다.

가장 좋아하는 식물은 무엇인가요?
저는 모든 식물을 사랑합니다. 자연 그대로의 모습으로요.

당신이 모든 화단에 애용하는 식물 조합은 어떤 것입니까?
식물이 어떤 상황에 놓여 있든 대비가 되도록 조합하는 걸 중요하게 생각합니다. 예를 들면 큰 잎과 작은 잎, 향이 좋은 꽃과 독특한 꽃을 대비시킵니다.

사시사철 매력적인 정원을 갖고 싶다면 어떤 식물을 심는 게 좋을까요?
저는 정원을 디자인할 때 겨울에 어떤 모습일까를 가장 먼저 생각합니다. 그래서 베고니아*Bergenia*, 헬레보루스*Helleborus*, 유포르비아*Euphorbia*처럼 겨울에도 푸른색을 유지하는 모든 식물에 관심이 많습니다.

당신이 가꾸고 싶은 꿈의 화단은 어떤 모습인가요?
세상 어디에 있든 '드넓은 풀밭'이 펼쳐진 곳이라면 좋겠습니다.

초보자든 어느 정도 경력이 있거나 전문적인 정원사든 모든 정원사에게 없어서는 안 될 도구는 무엇인가요?
큰 삽, 작은 삽, 제초기, 쇠스랑, 장미용 가위는 꼭 있어야 합니다.

정원에서 항상 지니는 도구가 있습니까?
정원 바구니, 차, 메모지, 정원 가위요.

일 년 내내 아름다운 정원을 만들기 위해서 가장 좋은 방법은 무엇일까요?
일단 시작하세요!

오랫동안 정원 일을 하면서 쌓은 경험으로 얻은 것이 있나요?
정원이 곧 나의 열정이라는 걸 깨달았어요.

정원과 정원 가꾸기는 당신에게 어떤 의미입니까?
식물들의 세계와 정원 가꾸기는 제 삶이에요. 자기 정원이 있느냐 없느냐는 상관없죠.

당신이 개인적으로 꿈꾸는 정원은 어떤 모습인가요?
자연과 일치되어 정원이 만들어내는 에너지로 살아갈 수 있는 정원이에요.

정원에 완벽한 자리를 만들려면 어떻게 하는 것이 좋을까요?
정원에 맨발로 나가 정원이 이끄는 곳들을 느껴보세요.

꼭 참석하는 정원 페스티벌이나 행사가 있나요?
각종 정원 행사들은 이미 물리도록 봤습니다. 요즘은 동료들의 정원을 보러 갈 때가 가장 좋아요.

무슨 일이 있어도 반드시 방문해야 할 정원이 있다면요?
제 마음의 정원이죠.

세계의 여러 정원들 중에 당신이 가장 좋아하는 정원은 어디인가요?
어딘가에 식물원이 있다는 걸 알게 되면 항상 그곳을 찾아갑니다. 제가 식물원에서 받은 교육을 무척 좋아해서 그런지, 마치 식물원이 익숙한 장소로 저를 이끌어가는 것 같아요. 그 밖에도 여러 식물을 만나고 비슷한 영혼을 가진 사람들을 만나는 최고의 기회이기도 하죠.

당신이 오랜 세월 정원을 가꾸면서 터득한 좋은 방법들이 있다면 무엇인가요?
어렵겠지만 7월 초에 처음 피어난 네페타 꽃들을 가차 없이 잘라주세요. 그러면 8월 말에서 10월 말까지 풍성하게 핀 보랏빛 꽃들을 만끽할 수 있을 거예요. 틈새에 오레곤개망초*Erigeron karvinskianus* 꽃들이 피어 있기를 바란다면, 틈새들 근처에 오레곤개망초 화분을 여름 내내 세워두세요. 그러면 꽃씨들이 여기저기 틈새로 흘러들어가 다음해에는 깜짝 놀랄 만큼 아름다운 광경을 보게 될 거예요.

정원에 대한 순전한 기쁨

우테 비티히Ute Wittich는 탁월한 예술적 감각과 능숙한 솜씨로 조경가이던 전남편을 위해 매우 아름다운 설계도를 그렸다. 전남편과 함께한 시간 동안 그녀는 남다른 이해력 덕분에 훌륭한 정원 디자이너가 되는 데 필요한 모든 것을 배웠고, 1983년에는 '올해의 정원 디자이너와 조경가' 상을 받았다. 뛰어난 구성력으로 무장한 그녀는 경험이 부족한 상태였을 때에도 용기 있게 대규모 프로젝트를 맡았고, 그 일을 능숙하게 완성해냈다. 우테 비티히의 능력과 창의성에 대한 소문은 빠르게 퍼져나갔고, 프랑크푸르트 시와 추진한 프로젝트는 그녀를 독립하게 한 신호탄이 되었다.

우테 비티히는 언젠가 나무가 들어간 로고를 디자인한 적이 있었는데, 수관이 풍성하고 뿌리에는 수많은 작은 심장이 달린 꽃이 핀 나무였다. 이 로고는 유능한 정원 디자이너인 그녀에게 행운을 가져다주었다. 여러 유명 기관들로부터 대규모 프로젝트를 의뢰받게 된 것이다. 그녀는 직원들의 도움을 받아 마인츠 체데에프ZDF 방송국, 헤센 라디오 방송국, 프랑크푸르트 음악대학교, 독일 축구 협회DFB를 위한 프로젝트를 완성했고, 독일 축구 협회의 정원을 지금까지도 계속 가꾸고 있다. 도시 미화를 담당하던 어느 외국 투자자의 주택 건설 계획을 맡은, 우테 비티히는 녹지에서 수준 높은 디자인을 보여주며 세련된 안뜰과 옥상 정원들에 이르는 폭넓은 스펙트럼을 실현시켰고, 무엇보다 물을 이용하는 독창적인 디자인을 즐겨 선보였다.

우테 비티히의 디자인 세계를 받치고 있는 요소 중 하나는 매우 개성 있는 디자인을 선보인 개인 정원들이다. 이 정원들은 단순함과 간결함을 추구하는 동시대의 미니멀리즘 경향과 더불어 우아한 양식으로 이루어졌다. 별자리가 게자리인 그녀

> 우테 비티히가
> 다방면에 능통한 유명
> 정원 디자이너이자
> 인기 있는 조경가가 되기까지
> 걸어온 길은 형식과 인습에
> 얽매이지 않는 그녀 자신의
> 삶과 닮아 있다.
> 그녀는 상업을 공부했지만
> 진로를 바꾸어 사진가와
> 저술가로 활동했으며
> 다양한 삶의 변곡점을 지나
> 현재에 이르렀다.

는 정원을 디자인할 때 물의 요소를 선호한다. 특히 스테인리스강으로 만든 좁고 긴 수조를 좋아하고, 그 수조가 반사하는 표면과 물소리를 높이 평가한다. 그녀의 현대적인 정원은 특별한 조명으로 강렬한 색채 효과를 결합함으로써 예술적으로 꾸민 야외 공간으로 탄생한다. 화가 베른하르트 예거와 결혼한 이후로 예술은 우테 비티히의 삶에서 중요한 역할을 하고 있고, 그녀의 디자인에도 많은 영감을 주었다. 그녀는 예술적 대상을 자신의 정원 디자인으로 끌어들이는 것을 좋아한다. 어떤 때는 매혹적으로 시선을 사로잡는 하나의 요소로서, 어떤 때는 식물들 특히 풀들 사이에 비밀스럽게 감춰진 상태로서 말이다. 이렇게 정원의 깊숙이 자리한 것들은 정원을 유심히 관찰할 때 비로소 모습을 드러낸다.

우테 비티히의 또 다른 요소는 임시 정원들이다. 그녀가 이펜부르크 성이나 볼프스가르텐 성, 파자네리 성에 계절에 따라 조성한 독창적인 정원은 그곳의 주제별 정원을 풍요롭게 하고 관람객들에게 기분 좋은 놀라움을 선사한다. 그녀의 시범 정원들은 눈을 즐겁게 하지만 때로는 강렬한 색채 효과로 당혹스럽게 하기도 한다. 그러한 환상적인 정원은 비상업적인 자극제로서 새로운 체험과 영감을 줄 것이다.

우테 비티히의 정원 예술은 매우 다양하다. 그 덕분에 수많은 국제 대회에서 우승하고 상도 많이 받았다. 고도로 전문적이면서도 환상적인 예술가의 특색으로 무장한 그녀의 정원들은 형태와 색채를 용기 있게 드러낸다. 모든 인습에서 자유로워서 사람들에게 열광적인 지지를 얻는다. 순전한 정원의 즐거움 그 자체다.

나는 프랑크푸르트 시 근교의 넓은 들판 한가운데 차이브 꽃들에 둘러싸여 앉아 있다. 그 모습은 지중해를 연상시키고, '나의 색채'를, 또는 색채에 대한 내 사랑을 보여준다.

색채, 형태, 식물은 내 디자인에서 뚜렷한 중심을 이룬다. 나는 특히 풀들을 좋아하고, 대나무와 여러해살이 식물, 봄에 꽃이 피는 구근 식물과 정선된 목본 식물을 좋아한다. 이런 식물들은 너무 특이하거나 낯설게 보여서는 안 되고 주변 경관과 조화롭게 어울려야 한다. 어떤 사무실 건물의 옥상 테라스에 1만 4천 개가 넘는 셈페르비붐 *Sempervivum* 이 여러 가지 색깔을 자랑하며 놓여 있을 수 있다.

나는 현대적인 정원을 조성하는 일 외에도 정원 디자인의 역사를 들여다볼 수 있는 과제에 몰입하는 것을 좋아한다. 15세기에 세워진 프랑크푸르트 가르멜회 수도원에서 맡은 일이 그런 경우였다. 그때는 훨씬 더 섬세하고 조심스럽게 일을 진행해야 했다. 오래된 수도원 시설을 제대로 파악하고 문화재 보호에도 각별히 신경을 써야 했기 때문이다. 옛 수도원의 역사적인 담장 뒤쪽은 정신없이 돌아가는 대도시 프랑크푸르트 한가운데 자리 잡은 고요와 정적의 공간이다.

'임시 정원'은 내 디자인의 또 다른 보석들이다. 이 일을 할 때는 상업적인 압박에서 벗어나 형식에 얽매이지 않고 다양한 아이디어를 마음껏 펼칠 수 있고, 화가인 남편과 공동 작업을 할 수도 있다. 임시 정원을 실현하기 위해서는 모든 것을 면밀하게 계획하는 긴장감이 넘치는 시간이 수반된다. 정원 축제의 규칙 안에서 정해진 날짜에 정확하게 정원이 완성되어야 하기 때문이다. 임시 정원들은 나를 행복하게 하고 새로운 자극을 줄 뿐만 아니라 내 삶의 일부이기도 하다. 나는 그 정원들의 준비 과정에 예술가들도 참여시킨다. 그리고 그들의 작품 중에서 군청색을 띤 조각이 있으면 특히 기뻐한다. 그 색이 식물의 초록색과 매우 잘 어울리기 때문이다.

내 첫 번째 임시 정원은 걸어 다니며 체스 게임을 두는 형태로 구상했다. 체스판

처럼 64개의 서로 다른 영역으로 이루어진 정원이었고, 제목은 '체크 - 킹을 기다리는 퀸의 즐거움'이었다. 그곳에는 일곱 난쟁이가 풀 사이로 빠끔히 보이고, 배 한 척이 정박해 있고, 유럽금매화 *Trollius europaeus* 꽃들이 사과나무와 경쟁하고, 파가 회오리 모양 장식이 있는 고풍스런 골동품처럼 보였다. 퀸과 킹 조각은 베른하르트 예거의 작업이었다. 꿈을 꾸듯 동화 속에 있는 것 같은 느낌의 정원을 만든다는 내 구상은 꽤 성공적이었다. 그 덕분에 나는 동시대 정원 디자인에 수여하는 헤센 문화상을 받았다.

모든 일은 빅토리아 폰 뎀 부셰가 이펜부르크 성을 위한 '임시' 정원 국제 대회를 개최하면서 시작되었다. 우리도 수상의 영광을 안았다. 우리는 1천 개가 넘는 나무 막대를 군청색으로 칠한 뒤 격자 구조로 세웠다. 거기에 콩을 심어서 콩 줄기가 막대를 타고 올라갔고, 여름이 지나는 동안 군청색 막대는 초록색 콩잎들로 뒤덮이고 붉은색 꽃들로 가려졌다. 좁은 길을 통해 도달할 수 있는 나무 막대들 중앙에는 녹이 슨 철제 테이블을 놓았다. 수확이 끝난 뒤 콩 수프를 맛보는 것을 상징적으로 나타내기 위해서였다.

다른 해에는 '장미'를 주제로 나무 한 그루를 하얀색으로 물들이고 나무에 장미에 관

● **아래**
우테 비티히가 고전적인 방식으로 직접 손으로 그린 정원 설계도를 통해서, 의뢰인들은 자신들의 꿈의 정원을 충분히 상상해보고 구체화할 수 있다.

위

보라빛 욕조가 풀밭에서의
노천욕을 권하는 듯하다.
임시로 설치된 이 욕조는
관람객들을 즐겁게 하고,
형식에 얽매이지 않는 것들을
떠올리도록 자극한다.

한 시 수백여 편을 붙인 뒤 관람객들에게 그 시들을 딸 수 있도록 했다.

그 다음에는 아이헨첼에 있는 파자네리 성의 넓은 들판을 낭만적인 개양귀비 꽃이 무성하게 있도록 계획했다. 그리고 그곳에 파란색으로 칠한 지그재그 형 나무판자를 놓아 들판을 가로지를 수 있게 했다.

프랑크푸르트 근교에 있는 볼프스가르텐 성에는 사각형 수조 4개를 설치한 뒤 그 주변을 갈탄으로 만든 사각형 브리켓들로 에워쌌으며, 브리켓 하나는 도금했다. 관람객들은 도금한 브리켓이 놓인 진기한 바닥 재료를 보고 놀라워했다. 스테인리스강 수조들과 검정색 브리켓 길은 초록색 풀들로 둘러싸이게 했다. '검정과 초록색 물 정원'이라고 이름 붙인 이 구상은 내게 상을 안겨주었다.

그 다음해에도 볼프스가르텐 성에 수조

세 개를 나란히 놓은 뒤 수조의 물을 각각 빨강, 초록, 파랑으로 물들인 정원을 만들었다. 군청색으로 칠한 랄프 클레멘트의 조각이 마무리를 장식했다. 나는 이 디자인으로도 상을 받았다.

주말 농장 주제로는 작은 정원용 집들을 파란색으로 칠하고 강철로 단순하게 형상화하여 제시했다. 이 작은 집들 옆에는 거대한 당근 모양의 조각들을 강렬한 빨간색으로 칠해 세워 놓았다. 이 조각들 역시 랄프 클레멘트의 작업이었다.

바트 에센의 이펜부르크 성에 있는 생울타리 미로에는 보라색으로 칠한 욕조가 놓여 있다. 나는 김이 피어오르는 욕조로 과거에 온천지였던 바트 에센의 옛 모습을 재현하고 싶었다. 여러 가지 무늬가 새겨진 이펜부르크 성의 옛 욕조는 꽃 피는 계절이면 장밋빛 여러해살이 식물들과 풀들이 만발하는 언덕 위에 놓여 있다. 욕조에서는 먼 곳에서도 보이는 수증기가 피어오른다.

나는 볼프스가르텐 성에 '소원 나무'를 설치하기 위해서 가지가 기괴한 모양으로 뒤엉킨 죽은 나무를 찾아냈다. 나무를 파란색으로 칠한 다음 갖가지 소원을 적은 기다란 하얀색 종이 띠들을 가지에 붙였다. 긴 종이에 적힌 소원들은 바람에 휘날리며

보는 사람의 생각을 자극한다. 평화, 비밀, 사상, 행복, 인내, 정의와 같은 개념이 독일어와 일본어로 쓰여 있다.

파자네리 성의 유서 깊은 과수원에서는 짧은 기간 동안만 설치할 생각으로 '장미여, 장미여, 붉은 장미여'라는 제목의 임시 정원을 설계했다. 하지만 이 정원은 이후에도 지속적으로 유지되었다. 정원에는 꽃이 작은 덩굴장미 '라벤더 드림'이 둥근 보라색 꽃이 춤추는 것처럼 보이는 수백여 개의 부추속 *Allium* 식물들과 어우러져 피어 있고, 매발톱꽃은 작약을 둘러싸고 있다. 오래된 돌담에는 과일나무가 덩굴장미와 교대로 벽에 기댄 채 자라고 있다.

나는 정원의 조명을 매우 중요하게 생각한다. 내 정원들에서는 조명을 매우 절제하

왼쪽
섬세한 풀줄기와 현대적인 물의 요소는 집 정원에서도 근사하게 재현할 수 있다.

●

위
말라 죽은 나무에 파란색을 칠해 새로운 생명력을 불어넣었다. 하얀색 종이 띠에 적은 소원들이 바람에 휘날린다.

여 비춰야 한다. 어떤 때는 수조에 스포트라이트를 주거나 물이 떨어지는 곳을 아래쪽에서 비추고, 어떤 때는 생울타리나 특별히 아름다운 식물을 두드러지게 하는 조명을 비춘다. 풀에 섬세한 서리가 앉거나 마지막 장미에 눈송이라도 앉으면 정원에서 누리는 행복은 완벽해진다.

식물을 선택할 때 꽃 이외에도 향기, 열매, 단풍, 잎의 구조가 중요하다. 나는 대규모 프로젝트에서 식물 설계를 철저하게 하기 위해 상당히 많은 시간을 들인다. 이 설계도를 컴퓨터로 옮겨야 할 때 내 직원들은 그야말로 '멘탈 붕괴' 직전 상태에 이른다. 나는 모든 설계도를 손으로 그린다. 더 생동감이 느껴지기 때문인데, 안타깝게도 오늘날에는 거의 사라진 기술이다. 건축주들은 손으로 그린 내 설계도를 좋아한다. 나는 첫 번째 스케치를 할 때 이미 마음속에 정확한 형태를 떠올릴 수 있고 내 머릿속으로 3차원의 모습도 그려낼 수 있다. 식물들이 주변 식물들과의 관계 속에서 성장하는 모습, 즉 식물들의 발전상도 볼 수 있다. 또한 어떤 색들이 서로 조화를 이룰지

정확히 안다.

꽃의 색깔과 개화 시기는 서로 잘 맞춰져야 한다. 내가 좋아하는 구성은 하얀색, 보라색, 파란색, 장미색이다. 평소에 선호하는 색은 아니지만 가을에는 붉은색과 노란색도 포함된다. 그러면 나를 열광시키는 눈부신 색채의 향연이 펼쳐진다. 꽃이 좋은 향까지 풍기면 그보다 더 아름다운 것이 있을까? 박하나 라벤더가 손에 가볍게 스치면 기분 좋은 감각을 체험할 수 있다.

나는 초록색의 모든 색조를 좋아한다. 섬세하고 부드러운 풀줄기의 짜임새를 좋아하고, 길게 절개되거나 끝이 톱니 모양인 잎, 둥글거나 뾰족하거나 타원형인 잎을 사랑한다. 실처럼 가는 잎이나 물가에 핀 구네라 마니카타*Gunnera manicata*의 아주 큰 잎도 좋아한다. 수직으로 곧게 자라는 속새*Equisetum*가 섬세한 풀줄기를 사방으로 펼치는 블루페스큐*Festuca glauca*와 어우러지고, 묵직하고 큰 바위들이 풍성한 조화를 이룰 때 그것들은 아주 매혹적이다.

나는 프랑크푸르트 가르멜회 수도원의 앞뜰에 주목 생울타리를 만들었는데, 주목의 길이를 각각 다르게 조절해서 설계하여 수도원 교회에 설치된 파이프오르간을 떠올리게 했다. 짙은 초록색 주목 옆에는 라벤더가 피어 있다. 거기에 꽃자주달개비*Tradescantia*, 리아트리스*Liatris*, 줄기장미가 더해지고, 늦여름에는 장밋빛 꽃송이와 수도원의 사암 전면과 잘 어울리는 가을아네모네 호북대상화*Anemone hupehensis*가 피어난다. 회랑 안쪽의 여러 종류의 수국과 여러해살이 식물, 허브가 자라는 구역은 회양목으로 에워쌌다. 수많은 작은 꽃들이 하나의 꽃처럼 모여 피어나는 수국은 가을에 가장 아름답게 녹빛깔과 연보라색으로 물든다. 초봄에는 '마리에타' 튤립의 연보라색 꽃들과 하얀색 수선화가 함께 시작된다.

나의 정원 디자인은 미니멀리즘 양식의 현대적인 특징을 보이며 역사적인 시설물들과 대조를 이룬다. 나는 붉은 담벼락 한쪽에 틈을 만들어 아래쪽에 놓인 긴 수조로 물줄기가 흘러내리게 했다.

대개 많은 정원에서는 물을 보고 소리도 들을 수 있지만, 표면에 홈이 있는 현무암 벽에서는 물을 수막으로만 느낄 수 있다. 나는 넓은 목재 테라스 앞에 설치한 6개의 평평한 수조를 이 현무암 벽을 타고 흐르는 물의 순

위
색채에 대한 욕심이 많은 우테 비티히는 프로방스의 라벤더 들판이든 고향의 파밭이든 자연 어디에서나 영감을 떠올린다.

●
오른쪽
수국의 은은한 파스텔 색조는 프랑크푸르트 가르멜회 수도원 정원의 성스러운 고요함을 기리며 낮은 외벽과 말 없는 대화를 나눈다.

환과 연결시켰다. 또한 높이 자란 풀들로 그 수조들을 둘러싸게 했다. 수조 바로 앞에는 키 큰 관상용 사과나무를 심었는데, 봄에는 하얀색과 붉은색 꽃이 피어 수많은 곤충들을 유혹하고 가을에는 자잘한 빨간 사과를 쪼아 먹으려는 새들을 불러들인다. 이 정원은 저명한 건축가 리하르트 노이트라가 설계한 건물과 함께 보호 건축물로 지정되어서 정원을 디자인한 내게 긴장감 넘치는 과제였다. 정원은 일직선 구조이고 오른쪽 구석에 조성되었다. 이웃해 있는 벽에는 2미터까지 자란 풍나무 생울타리를 심었다. 여름에 싱그러운 초록색을 띤 무성한 풍나무 잎들은 가을이면 선명한 노란색에서 주황색, 짙은 붉은색에서 보라색으로 물든다. 그러면 겨울에 휴지기로 들어서기 전까지 정원은 그야말로 압도적인 색채의 향연을 펼치며 아름다움을 절정으로 뽐낸다.

1

이웃집 나무들이 울창하게
자라 녹색 배경을 이루면
우리집 정원에 키 큰 식물을
심을 필요가 없어진다.

2

대나무를 대지 경계면에 바짝
붙여 심고 다듬으면 보기
좋은 상록 울타리가 된다.

3

좌우대칭이 되도록 설계한
풍경은 현대식 정원의
두드러진 특징이다.

4

거친 쇄석을 사용하면
세련된 인상을 주고
부직포 위에 쇄석을 뿌리면
관리하기도 쉽다.

1

식용 허브는 여러해살이 식물과 섞어 심으면 좋다. 그러면 수확하고 난 뒤 앙상해진 허브의 모습이 옆에서 자라는 식물들의 잎과 꽃에 가려지기 때문이다.

2

나는 정원을 디자인할 때 거실을 정원으로 확대하는 것을 좋아한다. 정원은 여름에는 야외 거실이 되고, 가을과 겨울에는 자연이 끊임없이 달라지는 위대한 무대를 펼치는 연극의 장이 된다.

3

나는 정원 디자인을 의뢰한 건축주의 알레르기 여부와 모든 희망 사항을 빠짐없이 확인할 때까지 끊임없이 물어본다.

4

꽃이 아니어도 여러 가지 잎의 형태 그 자체가 하나의 우주다. 초록색의 다양한 색조는 단색의 교향곡을 만들어낸다.

5

나는 정원의 빛을 연극 무대의 조명처럼 어떤 때는 실용적으로, 어떤 때는 극적인 효과를 위해 사용한다.

6

다양한 종류의 여러해살이 식물로 정원을 디자인하는 일은 여러 가지 물감으로 캔버스에 그림을 그리는 것과 같다.

7

나는 투아레그족의 보호용 장신구를 열심히 수집하고, 거기서 정원 디자인을 형식적으로 구성하는 것을 즐긴다.

8

꽃뿐만 아니라 많은 잎과 나무껍질도 매혹적인 향을 발산하는데, 그 잔향은 비가 내린 후에도 남는다.

9

나는 내 옥상 테라스에 있는 수많은 화분 식물들을 사랑한다. 언제든 새롭게 조합하여 자리를 옮길 수 있기 때문이다.

10

하얀 꽃들은 특히 그늘에서, 해질 무렵과 밤에 환하게 빛난다.

11

화려하게 피어나는 꽃들을 보기 위해서 여러해살이 식물과 구근 식물을 대량으로 심는 것을 좋아한다. 하지만 튤립과 다른 구근 식물을 심을 때는 항상 하나씩 심어서 그 꽃들이 구름처럼 다른 식물들 위로 올라오게 한다. 겸허한 마음으로 일하면 가장 아름다운 꽃들이 피어난다.

12

새 건축 공사 현장을 처음 방문할 때면 주변의 모든 것이 주는 영향을 받아들이려고 애쓴다. 그러면 앞으로 탄생할 정원의 모습이 머릿속에서 생생하게 그려질 때가 있다.

13

들판을 산책하거나 여행을 갈 때 영감이 떠오르면 곧바로 기록하기 위해서 항상 카메라와 메모장을 들고 다닌다.

14

정원 디자인을 시작하기 전에 건축주와 대화를 상세하게 나누어야 한다.

땅의 기쁨과 도시의 즐거움

크리스틴 라메르팅

나는 올덴부르크 뮌스터란트에 있는 전통적인 하르딩하우젠 농장에서 태어났다. 내 어머니의 장래 희망은 정원 디자이너였지만, 제2차 세계대전 중에는 이루기 어려운 일이었다. 그때 어머니가 꿈꾸던 다채로운 여러해살이 식물 화단과 암석 정원, 넓은 잔디밭과 연못 풍경이 있는 정원을 하르딩하우젠에서 가꾸기 시작했다. 어머니는 진달래속 식물을 열심히 재배했고, 나와 두 여동생도 자발적으로 정원 일을 돕게 하여 일찍부터 정원에 열정을 가질 수 있도록 했다. 농장 생활이 대개 그렇듯 우리는 자애로운 할머니와 몇 시간씩 실용원을 가꾸고, 거기서 자라는 많은 것들을 맛있게 먹으며 지냈다. 대가족 식구들은 그런 식으로 정원 가꾸기의 즐거움을 다음 세대에게도 전해주었다. 우리 세 자매가 모두 열정이 넘치는 정원사들인 덕분에 모든 씨앗은 항상 비옥한 땅에서 자랐고, 조카 하이코는 전문 정원사가 되어 독립했다.

나는 1970년대에 뮌스터에서 식물학에 중점을 두고 생물학을 공부했고 이어서 치의학을 전공했다. 학업을 마치고 넓은 세계를 경험하기 위해 긴 여행을 떠났고 곳곳에서 정원을 방문했다. 30년 전 여동생 비르기트와 함께 떠난 영국 정원 여행은 아직까지도 나를 깊이 매료시키는 영국식 정원에 대한 열정을 일깨웠다. 유명한 시싱허스트 캐슬 정원과 그레이트 딕스터, 히드코트 정원은 그야말로 최고의 정원들이었다. 그 뒤로 나는 매우 세세한 부분까지 아름답게 구상한 나만의 영국식 정원을 그려보았고, 그 모습을 내 머리와 가슴속에만 간직한 채 살았다. 1993년에 남편 우도를 만난 건 더없이 행복한 하늘의 섭리였다. 쾰른에 있는 그의 집으로 들어가니 8천 제곱미터에 달하는 노는 땅이 정원이 조성되기만을 기다리고 있었다. '시골에서 자란' 우리 두 사람은 용기를 내서

오른쪽
양 옆으로 늘어선 주목 생울타리가 성 안토니오 동상으로 우리를 이끈다. 이웃집들은 풍나무와 대왕참나무들의 활약으로 절묘히 가려졌다.

뒷페이지
집의 위층에서 다양한 주제별 정원을 내려다볼 수 있다. 매듭으로 이루어진 두 화단은 '쾰른에 있는 내 영국식 정원'의 상징이 되었다.

인구 백 만이 넘는 대도시 쾰른의 집들 사이에서 시골 별장에 대한 우리의 환상을 설계하고 실현하는 일에 착수했다. 거의 20년이 지난 지금, 우리는 고요함과 아름다움으로 가득한 천국의 정원에서 살아가고 있다. 정원 안에서 느긋한 시골 생활의 기쁨을 누리고 정원 문 밖에서는 활기찬 '도시 생활'을 체험하는 것, 그것이 바로 우리가 꿈꾸던 낙원이었다.

나는 1996년에 치과 병원을 그만두고 직업적으로 온전히 정원에 몰입했다. 어릴 때부터 간직해온 정원에 대한 열정의 토대 위에서 독학으로 영국식 정원 전문가가 되었고, 정원 관련 책을 여러 권 집필한 저술가가 된 것이다. 수많은 정원 방문과 영감을 주는 정원 세미나 참석, 정원을 좋아하는 자매들과의 대화, 무엇보다 정원을 가꾸는 동안 얻은 집약적인 경험은 내 머릿속 정원 기억 장치 안에 언제든 불러낼 수 있는 지식 형태로 저장되어 있다. 나는 열정적인 사진사로서 내 정원의 가장 아름다운 요소들을 사진에 담았고, 그것을 《풍부한 상상력으로 가득한 정원》이라는 책으로 엮어 정원에 관심 있는 사람들이 글과 사진으로나마 내 정원 생활에 동참할 수 있도록 했다.

풍경만 머물던 곳에서 낭만적인 별장으로

우리 '정원'은 처음에는 넓은 잔디밭과 정자 한 채, 개잎갈나무 한 그루만 있고, 수많은 이웃집들이 훤히 내다보이는 노는 땅이었다. 이 상태를 최대한 빠르게 바꿔야 했다. 어머니는 항상 "먼저 생각하고 나중에 행동하라"라고 했다. 나는 어머니의 현명한 말씀을 명심하고 일 년 내내 계획을 세웠다. 우리가 상상하던 모습대로 설계도를 그렸고, 전체 부지를 13개의 정원 공간들로 나누었다. 우리에게 사방이 탁 트인 전망은 없었기 때문에 여러 곳에 자잘하게 조망할 수 있는 곳을 만들고 이웃집들을 교

위

너도밤나무 생울타리가
매듭 정원을 에워싸고 있다. 서양회양목과
자엽일본매자(*Berberis thunbergii f.*
atropurpurea)로 가꾼 매듭 정원은 꼬불꼬불 엮은
켈트 매듭의 장식줄과 비슷하다.

오른쪽

영국제 세발 사다리에 올라
생울타리를 손질하는 일은 즐겁다.

묘하게 가렸다. 우리는 장차 들어설 정원 공간들에 나무 말뚝을 박고 테이프를 둘러 경계를 표시했다. 그런 다음 여러 날 동안 아직은 비어 있는 공간을 돌아다니고 의자들을 가져다 놓으며 실제 크기를 가늠하고 주제에 맞는 디자인을 떠올려보곤 했다. 하얀색 스프레이로 길을 표시하고 나중에 정원을 산책할 때의 기분을 느껴보기 위해서 그 길을 따라 걸어보았다. 모든 것을 시험하고 느껴본 뒤 우리는 나무를 고르는 일에 착수했다. 빗자루 크기의 작은 나무들로는 우리가 원하는 효과를 낼 수 없었을 것이다. 그래서 키 큰 피나무들을 정원을 가로질러 심었고, 나머지 정원 부지에 드리우는 그늘을 최소화하기 위해서 방향은 북남쪽으로 배치했다. 덕분에 원래 있었던 아틀라스개잎갈나무는 거대한 짝을 얻었고, 우리는 테라스에서 다른 집들의 벽면 대신 일종의 숲이 우거진 배경을 바라보게 되었다.

이웃집과 경계를 지어주는 벽을 따라서 마음씨 좋은 이웃의 동의를 받고 높은 줄기 위에 수평으로 자란 피나무들을 심었다. 물론 이웃과 불화가 생기지 않으려면 인접한 대지 경계선의 법적 최소 간격을 지켜야 한다. 묘목원에서 수평으로 층을 이룬 형태로 키운 가지들은 생울타리로서 매력적인 '녹색의 커튼 효과'를 준다. 네덜란드에서는 그런 식의 '줄기가 높은' 에스펠리어 나무를 자주 볼 수 있다. 이 나무들은 아주 높은 생울타리로서 보기 좋지 않은 것들을 잘 가려주고 손질하기도 쉽다. 너무 어두워서 음침한 느낌을 주는 침엽수는 외부 시선을 차단하는 나무로는 적합하지 않다. 그래서 우리 정원의 끝부분에 우아한 미국풍나무*Liquidambar styraciflua*들을 심었다. 이 나무는 주변 자리가 충분하면 생동감 넘치는 잎들과 화려한 단풍으로 매력을 뽐내고 외부의 시선도 잘 막아준다. 다만 10미터에서 20미터까지 높이 자라는데, 다행히도 옆으로 많이 퍼지지 않고 날씬한 상태를 유지한다. 바람을 막아주는 도시 정원에 적합한 나무로는 아까시나무 '프리시아'*Robinia pseudoacacia* 'Frisia' 와 미국주엽나무 '선버스트'*Gleditsia triacanthos* 'Sunburst'를 좋아한다. 이 나무들은 항상 반짝거리는 금빛과 5월의 싱그러운 초록색을 띤

잔털이 있고, 향이 나는 잎으로 가을에도 정원에 봄과 같은 신선함을 선사한다. 두 나무 모두 까다롭지 않고, 너무 크게 자라지 않아서 잘 다듬을 수 있다.

찬란한 생울타리의 향연

나는 생울타리를 사랑한다. 정원의 이 초록색 벽은 내밀한 공간들을 만들고 통로들과 함께 좁은 구역에 놀랍도록 아름다운 경치를 만들어낸다. 생울타리로 둘러싸인 각각의 '정원 방'은 다채롭고 화려한 꽃들의 불꽃놀이가 펼쳐지는 무대가 되어 절정에 치달은 계절을 드러낸다. 이는 집중적으로 관찰하는 즐거움을 느낄 수 있게 하고, 정원에 비밀스러운 긴장감과 놀라운 친밀감을 준다. 정원의 작은 공간들은 낭만적인 정원에 초록색으로 둘러싸인 포근함과 아늑함을 선사한다. 방문객은 마법에 이끌리듯 정원의 작은 방들로 나아가며 기분 좋은 놀라움을 계속해서 경험한다. 정원사들은 그 공간들에서 휴식과 새로운 활력을 얻는다. 모든 꽃들이 한꺼번에 활짝 피어 절정을 이루는 것이 아니라 각각의 주제별 정원이 서로 다른 시기에 최고의 상태에 도달하기 때문이다.

주목*Taxus* 생울타리는 가느다란 침엽 덕분에 일 년 내내 충실하게 자기 색깔을 유지한다. 차분하고 짙은 생울타리를 배경으로 핀 하얀색 꽃과 연하고 부드러운 파스텔 톤 꽃은 특별히 더 선명하게 빛나고, 청명한 하늘을 배경으로 삼고 있는 것처럼 우아하면서

도 강렬하다. 생울타리는 시각적으로도 뛰어나고, 겨울에 차가운 바람을 막아주고 새들에게 안전한 보금자리를 제공하는 장점도 있다. 비용이 적게 들면서도 아주 근사한 방법으로 주목 생울타리 일부를 구의 형태로 만들 수 있다. 먼저 금속 띠에 철망을 둘둘 감아 구의 형태로 만들어 고정한다. 그런 다음 막대 위에 세우면 기존의 생울타리에서 뻗어나온 굵은 나무줄기 하나가 구 안에 들어가면서 자란다. 구 밖으로 자라는 가지들은 밖에서 잘 다듬어주면서 키운다. 그렇게 몇 년이 지나면 평평한 생울타리 위에 완벽한 구의 형태가 완성된다. 영국에서는 생울타리 위쪽에 여우가 도망치는 토끼를 쫓는 모습을 묘사한 토피어리도 선보인다.

유럽너도밤나무 생울타리는 시간이 지날수록 서서히 바뀌는 숨 막히게 아름다운 색채의 변화를 제공한다. 가을이면 초록색 잎들이 눈부시게 반짝이는 구릿빛으로 물든다. 생울타리 담장은 겨울 동안 적갈색을 유지하다가 초봄이 되어서야 초록색 잎들이 올라오면서 기존의 잎들을 밀어내고 생울타리에 새로운 얼굴을 선사한다. 이러한 변화가 생동감을 높여 주며, 잎의 구조도 겨울에 초록색을 유지하는 주목 생울타리의 균일한 침엽 구조와는 차이가 난다.

회양목은 고대부터 화단을 에워싸는 식물로 인기가 높았고 고상한 형태로 다듬어졌다. 가지런한 표면은 회양목을 다른 것과 비교할 수 없을 만큼 아름답게 한다. 회양목 토피어리는 항상 우아하면서도 고귀한 형태로 사람들의 시선을 사로잡는다. 안타깝게도 최근 들어서 여러 가지 치명적인 질병으로 회양목을 잃는 사례가 증가하고 있다. 기후가 변화하여 이 병들을 더 촉진하기 때문에 정원을 새로 조성할 때는 회양목을 자제하여 사용하는 것이 좋다. 대신에 회양목과 시각적으로 비슷하고, 천천히 자라고 겨울을 잘 견디는 관목인 꽝꽝나무*Ilex crenata*가 대안이 될 수 있다. 그러나 잘 다듬어준 주목*Taxus baccata*으로도 일반적인 생울타리와 아름다운 화단 테두리를 만들 수 있고, 질병 걱정 없이 원하는 형태를 정확히 만들 수 있다.

생명의 영약, 물

정원에서 물은 단순히 식물을 성장시키는 수단을 넘어 아주 깊은 정서적 의미를 지닌 정원 디자인의 놀라운 요소이기도 하다. 사람들은 정원에 있는 물을 좋아하고 특히 자연과 가까운 연못을 사랑한다. 나는 우리의 물 정원에 설치한 사각형의 콘크리트 풀장을 유기적으로 구성된 연못으로 변신시켰다. 수양버들과 물가 식물들, 수련은 멋들어진 야생 상태를 만들어냈다. 해질 무렵의 태양 아래 정원 의자에 앉아 잠자리를 바라보거나 야트막한 물가에서 목욕하는 새를 보면서 찰랑거리는 물소리까지 듣고 있노라면 도시의 모든 소음은 완전히 잊게 된다. 유유히 헤엄치는 물고기들과 먹이 주변을 기어 다니는 대담한 게들의 모습도 가만히 바라본다. 도시에서 누리는 시골 생활의 꿈은 더없이 큰 행복을 선사한다.

물의 표면은 모든 것을 반사하여 정원을 아름답게 하는 특징이 있다. 수면은 갖가지 형상의 구름을 담은 하늘을 비추고 물 근처에 있는 나무들의 모습을 이중으로 보여준다. 따라서 단순히 '물가' 화단으로 방치해서는 안 되고, 생동감 넘치게 반사해서 가까운 주변의 모습을 한 폭의 그림처럼 수면에 투영시켜야 한다. 최상의 경우 연못은 하나의 예술 작품이나 특징적인 식물들을 정확하게 비추는 거울 화단의 면모를 드러낸다. 이 효과는 밤에 반사된 것에 조명을 비출 때 특히 인상적이다.

거대한 식물을 가꾸는 큰 기쁨

성공한 영국 인테리어 디자이너가 내게 비밀 한 가지를 알려줬다. 작은 공간은 작은 가구들로 채우는 것보다 큼지막한 물건 몇 개를 비치할 때 더 커 보인다는 것이다. 그런 시각적 확대는 정원에서도 가능하다. 화단 가운데 위치한 거대한 여러해살이 식물은 시

위
큼지막한 디딤돌을 놓으면
연못 위를 안전하게 산책할 수 있다.

오른쪽 위
정말이지 믿기지 않는 풍경이 탄생했다.
비닐을 깔고 식물들을 심자
콘크리트 풀장이 물고기와 게들의
서식처가 되었다.

오른쪽 아래
다알리아, 피마자, 멕시코해바라기는
현란한 색채를 뽐내는
여름의 거인들이다.

각적으로 구성의 힘을 집중시킨다. 은빛의 아티초크 *Cynara cardunculus*나 줄기에 환한 털이 달리고 노란 꽃송이가 줄줄이 피는 베르바스쿰 올림피쿰 *Verbascum olympicum*은 찬란한 자태를 뽐내며 모두의 시선을 사로잡는다. 하얀 꽃이 구름처럼 피어나는 꽃케일 *Crambe cordifolia*은 장식적이고 인상적인 단독 식물로, 특히 어두울 때 밤하늘의 수많은 별들처럼 반짝거린다. 시든 상태에서도 가늘지만 견고한 꽃자루가 스위트피가 덩굴을 휘감고 올라가는 받침대 역할을 한다. 멕시코해바라기 '피에스타 델 솔' *Tithonia rotundifolia* 'Fiesta del Sol'은 한해살이 식물로 거의 2미터까지 자라는 진정한 거인이다. 그러나 정원 무대의 거인들 중에서도 단연 으뜸은 피마자 '카르멘시타' *Ricinus communis* 'Carmencita'다. 씨앗으로 심어 급속도로 자라는 한해살이 식물로 손바닥 모양의 붉은색 잎이 두드러진다. 형형색색의 꽃이 피는 접시꽃이나 근위 장교처럼 꼿꼿한 자태로 검푸른 꽃을 피우는 델피니움 엘라툼 *Delphinium elatum*도 화려한 색을 자랑하는 거인들이다. 여러해살이 식물계의 이 모든 영웅들은 마법에 홀리듯 시선을 사로잡아 이끌고, 강력한 존재감으로 예기치 못한 강인함과 창조적 활력을 발산한다. 키 큰 식물에 용기 있게 도전하면 모든 정원에 좋은 효과를 가져 온다.

마지막으로 미술비평가 페터 자거의 다음 말을 들려주고 싶다. "우리는 에덴동산에서 쫓겨났다. 그 뒤로 우리는 끊임없이 천국을 갈구한다. 다행히 그리로 가는 길에는 영국 정원이 있다."

1

꽃케일은 단독으로 심는
여러해살이 식물로서 수직적
요소를 강조하고 화단에
긴장감을 준다.

2

높이와 넓이를 서로 다르게
한 서양회양목 생울타리는
어떤 계절이든 화단에 차분한
테두리를 만들어준다.

3

덩굴장미 로자 물리가니
(*Rosa mulliganii*)는 하얀 꽃으로 된
아치형 지붕을 만들며
꽃이 질 때는 눈처럼
흩날린다.

4

영국식 정원은 구근 식물,
한해살이와 여러해살이 식물,
관목이 무성하게 어우러진다.

반려견 길들이기

조기 교육이 중요하다. 어려서 배우지 못하면 커서도 절대 배우지 못한다.

강아지와 정원을 산책할 때 항상 길만 따라서 걸으면, 강아지는 그 '경로'를 정확히 기억한다.

키 작은 생울타리도 개를 유도하는 역할을 한다.

개가 정원에서 땅을 파헤치려고 하면 작은 조리개로 물을 뿌려 멈추게 하고, 정원 밖에서는 땅을 파헤치고 놀 수 있도록 한다.

최소한 하루 두 번 이상 정원 밖으로 개를 데리고 나가 충분히 놀아주면, 개는 정원에서도 긴장을 풀고 지낸다.

서양회양목은 수캐가 영역 표시를 하면 죽는다. 수캐와 회양목을 함께 두어서는 안 된다.

정해진 배변 장소로 개를 자주 데리가 깊고 낮은 어조로 반복해서 훈련하면 완벽하게 배운다.

정원 가꾸기 비결

헬레보루스는 석회질을 좋아하는 꽃이다. 뿌리 근처에 분필 한 조각을 꽂으면 토양의 염기도를 높이고 봄에 피는 헬레보루스 오리엔탈리스 *Helleborus orientalis*의 성장을 촉진한다.

파란색 수국을 원하면 이탄 배지에 심거나 토양에 이탄토를 첨가하여 토양을 산성으로 만든다. 염기성 토양에서는 붉은색 꽃이 피기 때문이다.

시골 정원에서 피는 매우 아름다운 수국은 라일락꽃처럼 생긴 '아예사' *Hydrangea macrophylla 'Ayesha'* 수국이다.

덩굴 식물인 등수국 *Hydrangea petiolaris*은 북쪽으로 난 벽도 타고 올라간다. 처음에는 서서히 자라다가 뿌리를 확실히 내리고 나면 납작한 하얀색 꽃이 핀다. 적극 권장할 만한 식물이다.

양송이버섯 재배 부산물과 말의 배설물을 혼합해서 만든 퇴비는 관상 식물과 유용 식물이 자라는 토양을 개선해주는 매우 좋은 유기질 비료. 초봄에 화단에 얇게 뿌려 준다.

용기에 키우는 계절 식물이나 대형 화분 식물을 화단에 옮겨 심으면 풍성한 꽃잎으로 화단의 부족한 곳을 채워주거나 절정에 치달은 계절을 보여줄 수 있다.

자연은 땅에 조금의 빈틈이라도 남지 않도록 한다. 잡초를 예방하려면 자연이 내키는 대로 하기 전에 그 자리에 원하는 식물을 심어야 한다.

높은 화단

자연석이나 재활용 벽돌을 이용해 작은 담을 쌓은 뒤 그 위에 화단을 만들면 높은 화단과 함께 새로운 차원이 형성된다.

필요하면 쇠지레를 이용해 표면을 잘 일궈준 다음 양질의 흙을 부어 넣는다. 그러면 흙을 교체할 필요 없는 완벽한 조건이 된다.

화분에 심어 물을 자주 주어야 하는 번거로움을 피하기 위해서 제라늄은 화단에 심는다. 가을에는 다시 화분에 옮겨 집안이나 온실에서 겨울을 나게 한다.

달팽이는 커피를 좋아하지 않는다. 카페인을 섭취하면 점액을 많이 분비해 죽기 때문이다. 달팽이가 붙을 수 있는 식물 주변에는 커피 찌꺼기를 뿌려 놓는다.

좋아하는 구근 식물

5월 15일 이후 폴리안테스 투베로사 *Polianthes tuberosa*를 화단에 심으면 7월부터 10월까지 꽃을 딸 수 있고 매혹적인 향기를 즐길 수 있다. 겨울을 나지 못하기 때문에 첫 서리가 내리기 전에 뽑아버리거나 나중에 새로 심는다.

설강화속 *Galanthus* 구근 식물은 값이 비싸고 변덕스러워서 키우기가 까다롭다. 하지만 정원에서 설강화를 가꾼 사람들 중에서 오랫동안 키운 덕분에 제법 많은 설강화를 갖고 있어서 다른 사람에게도 나눠주고 싶어 하는 사람도 있다. 설강화는 꽃이 핀 상태에서도 옮겨 심을 수 있다.

내가 좋아하는 구근 식물은 튼튼한 줄기 위로 핸드볼 모양의 보라색 꽃이 피는 알리움 '글로브마스터' *Allium 'Globemaster'*다. 잎이 장미 모양으로 다닥다닥 붙어서 나오는 시기에 토마토 비료를 주면 기적을 볼 수 있다.

수선화는 잎을 그대로 두어야 한다. 예쁘게 꾸미기를 좋아하는 사람은 긴 잎을 땋아 머리 장식을 만들 수 있다.

독특한 체크무늬 꽃이 피어 체스판 패모라고도 불리는 뱀머리패모 *Fritillaria meleagris*는 밑바닥이 없는 플라스틱 화분에서 잘 자란다. 이웃한 다른 식물의 뿌리에 간섭받지 않기 때문이다.

좋아하는 식물들

해안꽃케일 *Crambe maritima*의 커다란 꽃차례를 세워 두어 덩굴성 살갈퀴가 그것을 감고 올라가도록 하면 두 번째로 만발한 꽃을 볼 수 있다.

매혹적인 큰잎브루네라 '잭 프로스트' *Brunnera macrophylla 'Jack Frost'*를 완전히 음지에 두면 환한 은빛을 띤 큰 잎이 장관을 이룬다.

한해살이인 이포메아 로바타 *Ipomoea lobata*는 관목 안쪽을 타고 올라가며 빠르게 성장하고, 반짝이는 노랗고 빨간 꽃은 서리가 내리기 전까지 관목을 뒤덮는다.

내가 좋아하는 관목 코이시아 테르나타 '아즈텍 펄' *Choisya ternata 'Aztec Pearl'*은 향기가 황홀하고 잎이 아름답다. 상록 관목으로 서리에 매우 강하며 화분 식물로도 더없이 좋다.

가장 좋아하는 장미는 생명력이 강한 덩굴장미 '안젤라'이다. 진한 분홍빛을 띤 우산살 모양으로 퍼진 꽃차례가 멀리서도 화려하게 빛난다.

거의 2미터에 이르는 베르바스쿰 올림피쿰 *Verbascum olympicum*은 큰 화단에 축제와도 같은 화려한 빛을 더해준다. 두해살이 식물로 씨를 잘 퍼뜨린다.

레몬버베나 *Aloysia triphylla*는 레몬 향이 나는 수수한 화분 식물이며, 잎을 말려서 은은한 향이 나는 차로 즐기면 좋다.

좋아하는 정원

정원에서 아름다운 장면이 연출되었을 때는 즉시 사진을 찍어두는데, 그런 장면이 다시는 펼쳐지지 않는 경우가 많기 때문이다.

지속되는 건 변화뿐이다. 이미 시들어버린 것을 아쉬워하거나 슬퍼하지 말고, 빈자리를 새로운 것을 가꾸는 도전으로 받아들인다.

내가 독일에서 가장 좋아하는 정원은 힐덴에 있는 페터 얀케의 정원이다. 이곳은 누구나 꿈꾸는 최고의 정원이다.

런던에서 열리는 국제 꽃 박람회 첼시 플라워 쇼는 해마다 꼭 참석할 정도로 가장 좋아하는 정원 페스티벌이다.

감사의 글

이 책에 소개된 모든 정원 전문가들에게 진심어린 감사의 말을 전하고 싶다. 그들은 모두 자신들의 정원 문을 기꺼이 열어주었고, 고객들의 아름다운 개인 정원까지 볼 수 있는 특별한 기회를 허락해주었다. 이 자리를 통해 우리와 이 책의 독자들에게 지극히 개인적인 공간을 공개해준 정원 소유주들의 신뢰에 무한한 감사를 전한다.

친애하는 정원 전문가들은 처음 이 책의 기획을 설명했을 때, 정원을 방문했을 때, 전화와 이메일로 연락을 주고 받을 때 언제든 우리의 요구를 흔쾌히 들어주고 많은 시간을 베풀었다. 그 덕분에 우리는 이들과 매우 긍정적이면서 새로운 자극을 주는 대화를 나누었다. 모두들 그들의 정원 세계로 우리를 기꺼이 초대해주었으며 믿을 만한 텍스트로 그들의 오랜 경험을 아낌없이 전해주었다. 이 경이로운 정원 홍보 대사들은 새롭고 흥미진진한 이야기들을 우리에게 들려주었고 일부 글은 직접 작성해주기도 했다. 우리는 그들과 동행하면서 다채로운 정원 활동을 사진에 담을 수 있었다.

정원 전문가들과 길고도 짧은 산책을 함께한 이 책의 독자들도 어떤 정원으로도 대체할 수 없는 자신만의 정원에서 진정한 나를 만날 수 있다. 전문가들의 정원 철학과 실용적인 조언들이 지상의 낙원을 가꾸어나가는 데 도움이 될 것이다.

마지막으로 이 책의 구상을 우리에게 처음 제안하고 우리의 방식으로 재량껏 책을 만들 수 있도록 해준 출판사 대표에게 특별히 감사를 표하고 싶다. 아울러 편안하고 기분 좋은 분위기에서 함께 작업할 수 있게 도와준 출판사 편집팀에도 감사의 마음을 전한다.

정원을 묻다

초판 인쇄 2020년 7월 15일
초판 발행 2020년 7월 20일

글|크리스틴 라메르팅
사진|페르디난트 그라프 폰 루크너
옮긴이|이수영
펴낸이|조승식
펴낸곳|돌배나무
공급처|북스힐

등록|제2019-000003호
주소|서울시 강북구 한천로 153길 17
전화|02-994-0071
팩스|02-994-0073
홈페이지|www.bookshill.com
이메일|bookshill@bookshill.com

ISBN 979-11-966240-3-3
정가 25,000원